INHALT

Bernhard Neff

LEGEN 5 SOLDATEN IN 2 STUNDEN 300 QUADRATMETER STOLPERDRAHT ...

Die lustigsten Matheaufgaben
von 1890 bis heute

riva

Etiam si omnes, ego non

*Den Unangepassten und Freigeistern in Vergangenheit
und Gegenwart – nicht nur in der Schule*

WER, WIE, WAS? WIESO, WESHALB, WARUM? – EINE ART VORWORT

Eine kurzweilige Sammlung von Matheaufgaben? Textaufgaben gar?
Ist das nicht ein Widerspruch in sich?
Mathe? Und … äh … kurzweilig?

Liebe Leserin, lieber Leser, sich seiner Unkenntnisse in Mathematik zu rühmen, gehört ja heutzutage fast schon zum guten Ton. Dass man zu dumm oder zu faul für eine Gedichtinterpretation war – das würde sich vermutlich keiner so leicht zu sagen trauen. Aber Mathe? »Nie verstanden!« Mit diesem Ausruf finden Sie Gleichgesinnte auf jeder Party.
Keine Sorge – ich will Sie mit diesem Buch nicht von Ihrem Mathehass kurieren, will Sie nicht eines Besseren belehren, obwohl das natürlich das Nächstliegende wäre, schließlich bin ich selbst seit knapp 20 Jahren Mathematiklehrer für Gymnasien. Doch in diesem Buch geht es um etwas ganz anderes, nämlich darum, die Absurdität und den innewohnenden Irr- und Wahnsinn so mancher mathematischen Schulbuchaufgabe schonungslos offenzulegen.
Keine Sorge, rechnen müssen Sie dabei nichts!
Aber ich verspreche Ihnen: Es wird kurzweilig werden.
Die Aufgaben stammen aus alten und weniger alten deutschen Mathematik-Schulbüchern aus den Epochen des Kaiserreichs (1871–1918), der Weimarer Republik (1918–1933), der NS-Zeit (1933–1945), der DDR (1949–1990) und der alten sowie der

neuen Bundesrepublik. Sie sind das Ergebnis von Zufallsfunden und gezielter Recherche in etwa 250 Unterrichtswerken.

Die Initialzündung war – wie könnte es anders sein – der Fund einer ungewollt irrwitzigen Aufgabe in einem eingesetzten Mathematik-Schulbuch während meiner Lehrertätigkeit am Hessenkolleg Wiesbaden vor etwa 10 Jahren.

Es war also quasi mein Schlüsselerlebnis, als ich damals von der »Bevölkerung des afrikanischen Landes Kuwait« lesen musste und mich fragte, ob sich wohl die Kontinentaldrift in den Jahren nach Erscheinen der Aufgabe extrem beschleunigt habe. Die Bemerkung eines Erdkunde-Kollegen, dies sei womöglich ein Druckfehler, konnte mich nicht mehr beruhigen. Und so wurde ich Jäger und Sammler von irrwitzigen Aufgaben. Fündig wurde ich vor allem in den Schulbüchern aus der Zeit des Nationalsozialismus und aus der DDR-Zeit. Denn vor allem diese offenbaren die Dummheit und Verbohrtheit autoritärer Systeme und Ideologien – mal unmittelbar, mal erst auf den zweiten Blick. Wichtig ist mir noch folgende Erklärung: Zwar sind DDR-Schulbücher ein Füllhorn für Realsatire, aber selbstverständlich stellt es keine Abwertung der Bildung und Lebensleistung der Menschen dar, die in der DDR aufgewachsen sind, wenn man das SED-Regime und den real existierenden Sozialismus anständig durch den Kakao zieht.

Sortiert habe ich mein Material zum Teil chronologisch, mal nach Themenbereichen. Das ist ja das Schöne: Jenseits der Schule darf man auch mal so vorgehen, wie man es einfach nur unterhaltsam findet …

Dennoch will ich mich in einer Sache nicht allzu weit vom Schulalltag lösen, denn wenn man schon liest, soll man doch bitte schön was dabei lernen oder wie der moderne Lehrplan, das Kerncurriculum, es heute formulieren würde: Kompetenzen erwerben! Wobei es hier nicht um so verschwurbelte Kompetenzen wie die Analysekompetenz, Selbstregulationskompetenz oder Wahrnehmungskompetenz gehen wird, sondern um Kompetenzen, die im Leben wirklich von Bedeutung sind, zum Beispiel die Schwanz-, die Trinker- oder die Hinrichtungskompetenz, um nur eine kleine Auswahl anzuführen. Eine alphabetisch geordnete Liste aller Kompetenzen finden Sie am Ende des Buches. Jaja, *non scholae, sed vitae discimus* … Sie können kein Latein? Kein Grund zu verzweifeln – verbessern Sie einfach Ihre Google-Kompetenz!

An dieser Stelle sei außerdem noch ein Sicherheitshinweis erlaubt: Die eine oder andere Pointe in diesem Buch ist möglicherweise dazu geeignet, den typischen Vertreter (m/w/d) des deutschen Moralismus mit grenzenloser Empörungsbereitschaft in Wallung zu bringen. Sollte es Ihnen so ergehen, so unterbrechen Sie die Lektüre für einen Augenblick und wenden Sie zunächst eine der zahlreichen Ihnen zu Gebote stehenden Entspannungsübungen an. Lassen Sie beispielsweise Aromaöl in einer Duftlampe verdampfen oder besuchen Sie eine Infrarotkabine mit Farblichttherapie. Sie können Ihrer deutschen Grundsätzlichkeit und Rechthaberei aber auch mit Qigong, Tai Chi oder Wing Chun beikommen. Versuchen Sie sich dann erneut an der Lektüre. Tief einatmen. Und wieder ausatmen. Und einatmen. Und ausatmen. Sie schaffen das schon! Es warten schmackhafte Lesefrüchte auf Sie.

Die historische Forschung hat um die Mathematikbücher der Vergangenheit übrigens bislang einen großen Bogen gemacht.[1] Schließlich ging es in den Lehrwerken doch scheinbar nur um sachliches und ideologiefreies Rechnen. Oder etwa nicht?

Nun, es gibt wohl kaum einen Wissensbestand, der nicht einem Zeitgeist verpflichtet ist. Was also verraten uns Matheaufgaben über den vorherrschenden Zeitgeist? Mathematische Sachauf-

---

1   Lediglich kursorisch und ohne Schwerpunkt auf Mathe-Schulbücher: Flessau, Kurt-Ingo: Schule der Diktatur. Lehrpläne und Schulbücher des Nationalsozialismus. Frankfurt a. M. 1979. Noch am besten, aber leider ebenfalls ohne mathematischen Schwerpunkt und lediglich bezogen auf die DDR: Knopke, Lars: Schulbücher als Herrschaftssicherungsinstrument der SED. Wiesbaden 2011.

gaben sind Abbildungen der jeweiligen Lebenswirklichkeit. Sie werden die Ideologie, die an ihnen klebt wie Hundesch*, nicht los – so neutral und zeitlos sie sich auch geben. Sie eignen sich damit ganz vorzüglich als Quelle für das jeweils herrschende Gedankengut einer Zeit. Aber Achtung: Wir lernen anhand der Mathe-Schulbücher, was die jeweiligen Regimes beziehungsweise die maßgeblichen gesellschaftlichen Gruppen den Heranwachsenden vermitteln wollten, nicht aber, was bei den Schülern »ankam«!

Allerdings wird das propagandistische Potenzial von mathematischen Sachaufgaben im Deutschen Kaiserreich noch nicht erkannt bzw. genutzt. Mathematikbücher für die Schule sind vor 1918 zumeist reine Aufgabensammlungen, wie zum Beispiel der Klassiker jener Zeit: der Bardey, benannt nach dem Mathematiker und Lehrer Ernst August Bardey, dessen Aufgaben zum Teil heute noch aufgelegt werden. Dennoch finden sich auch schon zu dieser Zeit kleine, aber feine Aufgäbchen, die ich Ihnen nicht vorenthalten möchte.

In der Weimarer Republik wurden die alten Schulbücher einfach weiter benutzt beziehungsweise in Neuauflagen nur leicht verändert. Von den veränderten politischen Rahmenbedingungen ist nur wenig zu spüren. Dies änderte sich Mitte der 1930er-Jahre, als die ersten neu gedruckten Schulbücher im Geiste des Nationalsozialismus erschienen. Aber auch hier ist Vorsicht geboten: Die häufig anzutreffende Auffassung, alle Lehrer wären mit Stichtag 30. Januar 1933 Nazis gewesen, ist irrig. Die meisten Lehrer im NS sind vor 1933 ausgebildet worden, und keinesfalls alle kritischen Lehrer sind von den Nazis aus dem Schuldienst entlassen worden. Die Schule formte also nicht zwangsläufig stramme Nationalsozialisten. Gleichwohl gab es die erklärte Absicht des Regimes, dies zu tun. So wurde bereits 1934 das Reichsministerium für Wissenschaft, Erziehung und Volksbildung gegründet mit der Absicht, die föderale Bildungslandschaft in Deutschland zu zerstören. Die entsprechenden Vorgaben und Lehrpläne aus Berlin wurden in den Ländern allerdings mit unterschiedlicher Geschwindigkeit umgesetzt. Die heute vielfach kritisierte Abschottung des Klassenzimmers vor der Öffentlichkeit war in Zeiten der Diktatur bisweilen ein Segen, der Spielraum der Lehrkräfte größer, als gemeinhin angenommen.

Während die nach 1933 neu erscheinenden Mathe-Schulbücher für die Volksschulen und die Mittelschulen menschenverachtende Aufgaben zum Thema Juden und Euthanasie enthalten – wobei die Textaufgaben nicht offen zum Massenmord aufrufen, sondern vielmehr das antisemitische Ressentiment und der rechtsextreme Populismus dominieren -, lassen sich dergleichen Aufgaben in den Lehrwerken der Gymnasien kaum nachweisen. Über die Gründe darf spekuliert werden.

Aber es bleibt natürlich die Frage: Darf man über verquere, ideologische und unterschwellig rassistische Textaufgaben aus der Nazi-Zeit lachen? Die Antwort des aufgeklärten Zeitgenossen ist einfach: Ja! Denn wir lachen ja nicht über die Opfer des menschenverachtenden NS-Systems, sondern über die Borniertheit und Dummheit der Urheber jener Aufgaben.

Nach der Kriegsniederlage, der Aufteilung Deutschlands in Besatzungszonen und der doppelten Staatsgründung auf deutschem Boden im Jahre 1949 erweisen sich die Schulbuchmacher der DDR als gelehrige Schüler der Schulbuchmacher vor 1945.

Die Mathematikbücher der DDR zeichnen sich zwar zum Teil durch anspruchsvolle und moderne methodische bzw. didaktische Vorgehensweisen aus. Dessen ungeachtet steht die mathematische Sachaufgabe aber im Dienste des Sozialismus. Es gilt, »durch einen niveauvollen Unterricht die spezifischen Möglichkeiten des Faches Mathematik für die kommunistische Erziehung der Jugend […] auszuschöpfen.«[2]

---

2   Werner Walsch (Hg.): Mathematische Aufgaben für die Klassen 6 bis 10. Beiträge zum Mathematikunterricht. Berlin (Ost) 1981, S. 5

Die Textaufgaben der alten und neuen Bundesrepublik haben ein ganz anderes Problem. Strikt anwendungsorientiert sollen sie sein. »Alltagsnähe« ist das Schlagwort der Zeit, welche die Aufgaben angeblich interessanter für Schülerinnen und Schüler machen soll.

Wer's glaubt, wird selig.

Der didaktische Praktiker weiß es schon lange besser: Je abstruser, exotischer oder unwirklicher eine Aufgabe, desto mehr Aufmerksamkeit kann erzielt werden. Ein Beispiel gefällig?

Stellen Sie sich vor, um den Äquator der Erde wäre ein Seil gespannt. (Stellen Sie sich dabei die Erde als eine perfekte glatte Kugel vor.) Angenommen, man würde das eng anliegende Seil an einer Stelle zerschneiden und ein 1 Meter langes Stück einfügen. Das verlängerte Seil möge nun wieder konzentrisch ausgerichtet werden. Wie groß ist dann der Abstand zwischen der Erdoberfläche und dem Seil? (Schätzen Sie zunächst. Der Erdumfang betrage 40000 Kilometer.)

Mit relativ geringem Aufwand kann die korrekte Lösung gewonnen werden: etwa 16 Zentimeter!

Aufgaben dieser Art vermögen Menschen gleich welchen Alters zu motivieren. Leider ist die durchschnittliche mathematische Textaufgabe in modernen deutschen Schulbüchern meist gezwungen anwendungsorientiert – und damit eher langweilig. Schließlich soll der junge Mensch auf sein bevorstehendes Berufs- und Alltagsleben vorbereitet werden. Und das ist ja bekanntermaßen auch kein Wunschkonzert. Da nimmt es kaum

Wunder, dass der durchschnittlich mathematisch (un-)begabte Schüler mit Desinteresse und Unwillen reagiert.

Wobei auch heute die Textaufgabe dem Fortschritt der Menschheit zu dienen hat – auch wenn das Ganze sich weniger um militärische Fragen dreht wie zu DDR- oder NS-Zeiten. Die Themen in den vergangenen Jahren waren dann eher »Waldsterben« (»Du hast drei Bäume – einer stirbt. Wie viele hast du noch?« Nein, kleiner Scherz.) oder »Gender Mainstreaming«. Vermutlich fallen Ihnen noch weitere gesellschaftspolitische Themen ein.

Während die Textaufgaben im Nationalsozialismus häufig bellizistisch oder gar rassistisch und in der DDR ideologisch verseucht waren (bei der Lektüre also das sarkastische Grunzen angesagt ist), kann und darf man bei den gegenwärtigen offen oder verdeckt belehrenden Textaufgaben durchaus schmunzeln oder lauthals lachen.

Trauen Sie sich!

Bernhard Neff

EIN KURZER RITT DURCH DIE GESCHICHTE – ZEIT- ODER SAGEN WIR BESSER REGIMETYPISCHE AUFGABEN

Man muss nicht die hellste Kerze auf der Torte sein, um zu erkennen, dass die Textaufgaben in den Schulbüchern vom Kaiserreich bis zur Gegenwart ein Spiegel der jeweiligen politischen, kulturellen und gesellschaftlichen Verhältnisse sind. Das lässt sich zum Teil schon aus der Wortwahl (ich sage nur »der Plan« oder »der Führer«), der Themenstellung (Militär! Militär! Militär!) oder aus »erwähnenswerten Zusatzinformationen« wie zum Beispiel in der Einleitung eines Mathebuchs für Mädchenschulen aus dem Jahr 1943 schließen:

> »Erwähnt werden müssen aber auch die außerordentlich kühnen Seefahrten der Polynesier, die ja so viele arische Charakterzüge zeigen.« [3]

Die Polynesier und Arier?
Potzblitz! Kann das wirklich sein? Nun, die »rassekundigen« Schulbuchmacher von 1943 mussten es ja schließlich wissen. Man lernt doch nie aus …
Im Folgenden sollen typische Themen und Aufgaben vom Kaiserreich bis zur bundesrepublikanischen Gegenwart anhand einiger Beispiele vorgestellt werden …

---

3   Zoll, Otto: Mathematisches Arbeits- und Lehrbuch für höhere Lehranstalten. Oberstufe: Geometrie und Algebra (6., 7. und 8. Klasse). Ausgabe B für Mädchenschulen. Braunschweig 1943, S. 161.

Gähnende Langeweile im Kaiserreich und in Weimar

Im Kaiserreich und der kurzen Phase der Weimarer Republik werden mittels Sachaufgaben vornehmlich Routineverfahren eingeübt. Es herrscht aus der Sicht des heutigen ironischen Betrachters pure Sachlichkeit und damit Langeweile vor, da die Aufgaben weder lustig noch spannend sind und auch noch nicht propagandistisch genutzt werden. Ein paar Ausnahmen aus dieser Zeit habe ich dennoch gefunden …

CHILL MAL DEIN LEBEN

Relaxkompetenz

Ein Müßiggänger hatte von seinem 20. Jahre an ⅜ seiner Zeit verschlafen, ⅓ so viel mit Spielen vergeudet, ⅑ mit Essen und Trinken hingebracht, ebenso viel verträumt, 1/12 verbummelt, halb so viel aus dem Fenster vergafft und im ganzen nur 8 Jahre und 3 Monate vernünftig gelebt und ernstlich gearbeitet. Wie alt war er geworden?

Bardey, Ernst August: Methodisch geordnete Aufgabensammlung, mehr als 8000 Aufgaben enthaltend über alle Teile der Elementar-Arithmetik, vorzugsweise für Gymnasien, Realgymnasien und Oberrealschulen. Leipzig 1891, S. 125.

Bei dem Müßiggänger handelt es sich offenbar um einen dem Alkohol zusprechenden, bummelnden und verträumten Menschen des 19. Jahrhunderts, der auch mal sein Glück im Spiel sucht. Da soll noch mal einer behaupten, im Deutschen Kaiserreich hätte man keine Ahnung von einem wirklich gelungenen Leben gehabt!

JEDEM, WIE ER'S VERDIENT?

Gerechtigkeitskompetenz

Ein Gutsbesitzer hat an 20 Dienstboten insgesamt 620 M Monatslohn gezahlt. Der Monatslohn eines Knechtes beträgt 40 M, während eine Magd 25 M bekommt. Wieviel Knechte und wieviel Mägde waren auf dem Gute?

Reinhardt, W./Zeisberg, M.: Mathematisches Unterrichtswerk für höhere Schulen. Ausgabe B zum Gebrauch an höheren Mädchenschulen. Geometrie und Arithmetik. Teil I. Frankfurt a. M. 1938 (18. Auflage, 1. Aufl. 1912), S. 175.

Der Schüler lernt hier: Gerechtigkeit hat nicht immer mit Gleichheit zu tun. Die Tatsache, dass der Knecht mit 40 Mark eine höhere Entlohnung als die im Haushalt beschäftigte Magd erhält, leuchtet unmittelbar als gerecht ein. Er musste schließlich noch zu Beginn des 20. Jahrhunderts in der Dorfkneipe regelmäßig eine Lokalrunde schmeißen, um nicht Gefahr zu laufen, von den anderen Knechten ausgenommen zu werden (dann hätte er auch kein Geld – und wäre noch dazu nüchtern!).

Jetzt wird's perfide – die pervertierte Textaufgabe im Nationalsozialismus

Den Vorwurf der Langeweile und Zweckfreiheit kann man der NS-Zeit nicht machen. Hier steht die Alltagstauglichkeit der Mathematik hoch im Kurs – man könnte auch sagen: Sie gilt als sexy. Die Aufgaben sind in der Tat praxisnah und sollen der lebensweltlichen Orientierung der jungen Menschen dienen. Dem Regime geht es offensichtlich um Agitation, Manipulation und Vernebelung der Gehirne – soweit noch vorhanden.

HURRA, HURRA, DIE SCHULE BRENNT!

Selbstschutzkompetenz

1. Ein Flugzeug kann mit 32 Bomben zu je 50 kg beladen werden. Eine solche Bombe zerstört ein Haus. Errechne die Gefahr bei einem Angriff von 27 Flugzeugen! Eine Stadt hat 25000 Häuser. Rechne!

2. Ein Sturzkampfflieger stößt mit einer Stundengeschwindigkeit von 600 km auf sein Ziel herab und löst 200 m über ihm die Bombe. Welche Zeit braucht er, wenn er eben 2000 m hoch ist?

3. Ein feindliches Geschwader von 27 Flugzeugen greift eine Stadt an. Ein Flugzeug führt 1800 kg Brandbomben zu je 1,5 kg mit. Es mögen 36% aller Bomben treffen und 25% aller Treffer zünden. Wieviel Brände entstehen? Kann die Feuerwehr helfen? Selbstschutz!

Rechnen und Raumlehre für Mittelschulen.
Viertes Heft. Klasse 4 für Jungen. Halle 1941, S. 41.

Erst einen Krieg vom Zaun brechen und dann soll die Feuerwehr aus der Patsche helfen! Und was wohl mit dem rätselhaften »Selbstschutz« gemeint ist? Beten? »Heiliger St. Florian, verschon' mein Haus, zünd' andre an!«

HER MIT DEM SPRIT!

Betriebsstoffergänzungskompetenz

Ein Bombenflugzeug kann 1800 km ohne Betriebsstoffergänzung fliegen. Wie groß ist das Gebiet, das dieses Flugzeug von einem Fliegerhorst aus bedrohen kann?

Albrecht, Karl/Bohnemann, Paul: Rechnen und Raumlehre für Mittelschulen. Ausgabe A für Jungen. Band 5 für Klasse 5. Bielefeld/Leipzig 1942, S. 50.

Wenn Sie jetzt schon anfangen zu rechnen, ein Hinweis zur Lösung: Es ist eher unwahrscheinlich, dass der Flieger in der Ortschaft landet, die er gerade bombardiert hat. Auch das Wort »bedrohen« ist für heutige Ohren vielleicht etwas problematisch. »Challenge« wird zumindest von der gegenwärtigen Schülerschaft besser verstanden.

DIE TSCHECHOSLOWAKEN KOMMEN, ÄH ... DIE DEUTSCHEN?

Flugabwehrkompetenz

> Die kürzeste Entfernung zwischen Berlin und der tschechoslowakischen Grenze beträgt rund 190 km. In welcher Zeit könnten tschechoslowakische Bombenflugzeuge über der Reichshauptstadt erscheinen, wenn ihre Fluggeschwindigkeit 210 km/h beträgt?

Bardey, Ernst/Schlie, Arnold: Arithmetik.
Leipzig/Berlin 1940, S. 177.

Man ist ja dazu geneigt, fehlerhafte und schlecht lektorierte Druckerzeugnisse dem Neoliberalismus und dem Lean Management unserer Zeit zuzurechnen. Doch dieses Beispiel zeigt: Auch die pedantischen Nazis machen so ihre Fehler. Im Jahre 1940 gibt es nämlich gar keine Tschechoslowakei mehr. Die Bombenflugzeuge starteten jetzt potenziell eher vom Großdeutschen Reich aus ... Ob das bei den Schülern nicht für ... sagen wir: Verwirrung gesorgt hat?

Wider den imperialistischen Westen — die ideologisch motivierte Scheinanwendung in der DDR

Die bewährten Prinzipien Alltagsbezug und Volksaufklärung werden auch im real existierenden Sozialismus beibehalten. So drückt sich der Wirklichkeitsbezug in der DDR vor allem wieder in der überaus lehrreichen Militärmathematik aus. Denn der Sozialismus muss unter allen Umständen gegenüber dem imperialistischen und zu Provokationen neigenden Westen verteidigt werden.

Die Aufgaben, die sich mit dem Klassenfeind befassen, gehören zum Verrücktesten, was der Ost-West-Konflikt hervorgebracht hat. Sie sind eine Fundgrube für den deutschen Humor, der seit jeher in Wahnsinn und Tollheit seinen Ausdruck findet.

VON WEGEN IMMER HINTER DEM PLAN!

Planübererfüllungskompetenz

Ein chemischer Betrieb stellte 2 350 kg
Farbstoffe mehr her, als der Plan vorsah.
Es waren 100 t geplant. Stelle selbst eine
Frage und rechne!

*Günter Lorenz u. a.: Mathematik. Lehrbuch für Klasse 4.
Berlin (Ost) 1982, S. 44.*

Was bieten sich hier nicht für großartige Fragestellungen an –
zum Beispiel diese: Wie groß muss die Grünfläche sein, um die
überflüssigen 2350 Kilogramm Farbstoffe mehr oder weniger
rückstandsfrei versickern zu lassen? Eine sinnvolle Fragestellung,
die auch auf eine zukünftige Tätigkeit bei der Wasserwirtschafts-
direktion vorbereitet …

KEIN PLAN!

Luftmatratzenkompetenz

In einer Klasse haben 11 Schüler ein Fahrrad und 12 Schüler eine Luftmatratze. Was kann man über die Anzahl der Schüler dieser Klasse aussagen?

Simon, Hans: Mathematik. Lehr- und Übungsbuch für den Mathematikunterricht in der Berufsausbildung 9./10. Klasse. Berlin (Ost) 1970, S. 173.

Offensichtlich sah die sozialistische Planwirtschaft nur die Produktion von Fahrrädern und Luftmatratzen vor. Kein Wunder, dass man Jahre auf seinen Trabanten warten musste …

Und was sich über die Schüler dieser Klasse aussagen lässt: Die waren wirklich arm dran.

MEIN NAME IST EINFÜNFTEL, ICH WEISS VON NICHTS ...

Brechkompetenz

> Udo sagt: »⅕ ist ein gleichnamiger Bruch.« Nimm dazu Stellung!

Lorenz, Günter u. a.: Mathematik. Lehrbuch für Klasse 5.
Berlin (Ost) 1984, S. 81.

Trüge Udo den Nachnamen »Einfünftel«, hätte er recht. Leider heißt er Udo Jupiter-Priml. Udo liegt also mal wieder daneben.

Deutsche Schüler gähnen wieder – öde Textaufgaben in der Bundesrepublik

In der Bundesrepublik fehlt von Beginn an die militärische Lebenswelt und -weisheit.

Ein Jammer!

In gewisser Weise ist die typische Textaufgabe der Bundesrepublik ein Abglanz der Vergangenheit. Vom Kaiserreich hat man die Langeweile übernommen – denn mit langweiliger Routine macht man bekanntlich nichts falsch. Von den – sagen wir mal: nicht ganz lupenreinen – »Volksdemokratien« auf deutschem Boden ist bestenfalls noch ein müder Abklatsch von Propaganda in Form von vorsichtigen Beeinflussungsversuchen nachweisbar. Diese sind freilich weder martialisch noch weltanschaulich verseucht. Harmlose und etwas einfältige Themen wie Sparsamkeit und Umwelt dominieren …

Oder noch schlimmer: Es wird einfach nur peinlich …

ZIEMLICH SCHLECHTE FREUNDE

Dreiecksbeziehungskompetenz

Zwei Freunde unterhalten sich am Telefon. Der eine sagt zum andern: »Ich habe eben aus Pappe zwei Dreiecke ausgeschnitten, die beide paarweise in den Längen ihrer Seiten übereinstimmen.« Darauf erwidert der andere: »Dann sind auch ihre Winkel paarweise gleich groß.« Erläutere, wie er diese Aussage machen kann, ohne daß er die Dreiecke sieht.

Schröder, Heinz/Uchtmann, Hermann: Einführung in die Mathematik für allgemeinbildende Schulen. 7. Schuljahr. Frankfurt a. M./Berlin/München 1974, S. 171.

Mal ernsthaft: Das ist doch nicht normal, wie die beiden reden! Die Jungs müssen gewaltige Probleme haben. Da kann doch nur noch der Schulpsychologe helfen!

UND IM OSTEN HABEN SIE NICHT MAL BANANEN ...

Dekadenzkompetenz

Unter Jugendlichen und Erwachsenen gibt es Kaffeetrinker und Teetrinker. Beide Gruppen behaupten häufig, dass sie absolute Experten in ihrem Bereich sind.

Felix: »Gefriergetrockneten Löskaffee kann mir keiner als Filterkaffee verkaufen.«

Janine: »Zwischen frisch gemahlenem Kaffee und vakuumverpacktem ist ja wohl ein Riesenunterschied.«

Hanno: »Bei meinem handaufgegossenen Filterkaffee schmeckst du jede Bohne, das Aroma ist viel besser als bei der schwarzen Maschinensoße.«

Vasily: »Man kann doch wohl Beuteltee nicht mit frisch gebrühtem Tee vergleichen.«

Kira: »Der First Flush schmeckt doch deutlich besser als der Second Flush.«

Gesine: »Also wenn der Tee länger als zweieinhalb Minuten zieht, kann man ihn ja fast nicht mehr genießen.«

Sicher habt ihr in eurer Klasse auch entsprechende Experten, die gerne ihre Geschmacksnerven bei einem »blinden« Test auf die Probe stellen werden. Als Testobjekte sind natürlich auch andere »Genussmittel« (z. B. Schokolade) geeignet.

Arrangiert eine entsprechende Testrunde. Eine Jury aus vertrauens-
würdigen Mitschülerinnen und Mitschülern kontrolliert die Zubereitung
und den Test.

Untersucht bei euren Tests, wie erfolgreich man mit Raten sein kann. Bei
welchen Tests liegt das Ergebnis außerhalb des 95-%- Intervalls? Wie
wirken sich größere Stichproben auf das Ergebnis aus?

*Cukrowicz, Jutta/Theilenberg, Joachim/Zimmermann, Bernd: Mathe-
Netz 10. Ausgabe Gymnasium. Braunschweig 2004, S. 122.*

Felix, Hanno, Vasily, Kira und Gesine sind offenkundig allesamt
blasierte Vollidioten. Angesichts dieser dekadenten Diskussion
braucht sich niemand zu wundern, dass Signifikanz-Tests bei
den Schülern nicht wirklich ankommen.

GEIZ IST GEIL!

Deutsche Sparkompetenz

> Emil spart auf ein Fahrrad, das 800,– € kostet. Sein Vater gibt ihm jeden Monat die Hälfte des Betrags, der ihm noch fehlt. »Prima«, denkt Emil, »mein Guthaben wächst jeden Monat und eines Tages kann ich mir vielleicht sogar ein Auto davon kaufen!«

Herd, Edmund/Hoche, Detlef/König, Andreas/Stühler, Andrea: Lambacher-Schweizer. Mathematik. Einführungsphase. Hessen. Stuttgart 2016, S. 231.

Der Emil ist ein cleverer Bursche, der es einmal weit bringen wird. Er ist fokussiert, zielstrebig und erweist sich überdies als guter Deutscher, der noch zu sparen versteht. Toller Typ, tolles Vorbild für junge Menschen! Die wundern sich allerdings: 800 Euro? Was kann das nur für ein Schrottteil sein?

ORDENTLICH EINEN DURCHGEZOGEN

Dummschwätzkompetenz

»Die Gaußklammerfunktion ist ja irgendwie ganz witzig«, meint Marvin, »obwohl ich als Mathefreak sie für höchst überflüssig halte.« »Du Idealist!«, antwortet seine praktische Freundin Merle, »sie ist eine unentbehrliche Funktion, wenn man in der Welt zurechtkommen will!« Diskutieren Sie mit Ihrem Partner oder Ihrer Partnerin über die beiden Standpunkte von Marvin und Merle.

Beachten Sie dabei auch folgende Problemsituationen: Tariffunktionen, Messungen im Labor oder Freiland, Arbeiten mit dem Computer oder Taschenrechner, Präzision der Lösung eines Problems, Sicherheit und Umkehrbarkeit eines Zusammenhangs.

Cukrowicz, Jutta/Zimmermann, Bernd: MatheNetz. 11. Ausgabe N. Braunschweig 2003, S. 31.

Ich weiß ja nicht, worüber Sie als Teenager geredet haben, wenn Sie bekifft am Lagerfeuer gesessen haben. Den Sinn des Lebens? Die Schönheit Ihrer Hand oder eben – wie Marvin und Merle es hier so schön vormachen – über Sinn und Unsinn der Gaußklammerfunktion? Hoffen wir, dass die beiden zu einem Ergebnis kommen, bevor sie anfangen, den Kühlschrank zu plündern. Denn dann werden sie sich über den zarten Schmelz einer 300-Gramm-Tafel Milka Vollmilch eine weitere Stunde auslassen und wir sind dann immer noch nicht weiter.

HOCHMUT KOMMT VOR DEM FALL-OUT

Verstrahlungskompetenz

Bei der zusätzlichen Belastung durch radioaktive Strahlung eines Kernkrafts entstehen Kosten M für die durch Strahlenschäden nötige medizinische Behandlung und Kosten R für die Rückhaltung von Strahlung. Die Summe S der zugehörigen Funktionen gibt die Gesamtkosten an. An die Stelle z des Tiefpunktes der Gesamtkostenkurve legt man den zulässigen Grenzwert der Strahlenbelastung.

a) Beschreiben Sie die Eigenschaften der Funktionen M, R und S. Wieso gilt: $M'(z) = -R'(z)$?

b) Bezeichnet x die zusätzliche Strahlenbelastung bei einem Kernkraftwerk, so kann man M bzw. R durch Funktionsgleichungen der Form $M(x) = a \cdot x^2$ bzw. $R(x) = b/x$ mit positiven Parametern a und b modellieren. Berechnen Sie z in Abhängigkeit von a und b.

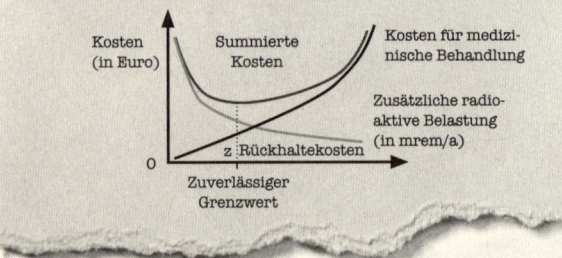

Herd, Edmund/Hoche, Detlef/König, Andreas/Stühler, Andrea: Lambacher-Schweizer. Mathematik. Einführungsphase. Hessen. Stuttgart 2016, S. 191.

Der Lehrkörper sollte hier nicht den Fehler machen, mit den Schülern über den Atomausstieg zu diskutieren oder darüber, ob nun in Europa weiter Kraftwerke laufen sollen oder nicht. Hier wird knallhart gerechnet. Kosten-Nutzen-Rechnung – und fertig ist der Lack!

UND TÄGLICH GRÜßT DER RECHENSCHIEBER – EIN AUFGABENTYP, UNTERSCHIEDLICHE POLITISCHE SYSTEME

Es gibt Textaufgaben, die systemkonform abgewandelt immer wieder auf die Schüler losgelassen werden. Diese Penetranz lässt sich eigentlich nur durch angestaute Frustrationen und Boshaftigkeit der Schulmathematiker erklären. Als Anschauungsmaterial ausgewählt habe ich die Themen exponentielles Wachstum, indirekte Proportionalitäten und Parabeln. Die eine oder andere Aufgabe dürfte durchaus selige oder auch grauenvolle Erinnerungen an die eigene Schulzeit wecken. Aber lesen Sie ruhig weiter, Sie müssen ja nicht rechnen, sondern je nach Temperament nur lachen … oder fluchen …

Ganz schnell, ganz viel — exponentielles Wachstum

DER FEUERTEUFEL IST WIEDER DA ...

Brandstifterkompetenz

KAISERREICH

Ein reicher Mann erbot sich, 22 abgebrannte Scheunen recht gut wieder aufbauen zu lassen, wenn man ihm für die erste 1 M für die zweite 2 M für die dritte 4 M und so für jede folgende doppelt soviel als für die vorhergehende geben wollte. Konnte man darauf eingehen? Was hätte man ihm im ganzen zahlen müssen, und wieviel für eine Scheune im Durchschnitt?

Bardey, Ernst/Pietzker, Friedrich/Presler, Otto: Dr. E. Bardeys Aufgabensammlung, methodisch geordnet, mehr als 9000 Aufgaben enthaltend über alle Teile der Elementar-Arithmetik, vorzugsweise für Gymnasien, Realgymnasien und Oberrealschulen sowie für Seminare und Präparanden-Anstalten. Leipzig/Berlin 1912, S. 310.

Auf dieses Angebot darf man natürlich nicht eingehen. Der Mann ist nicht nur reich, sondern offensichtlich auch ein verhaltensauffälliger Pyromane. Solche Psychopathen gab es also wohl auch schon im Deutschen Kaiserreich.

RUNTER VOM HOHEN ROSS!

Hippologenkompetenz

NATIONALSOZIALISMUS

Ein Geiziger ließ sein Pferd beschlagen. Als er nach dem Preis fragte, antwortete ihm der Schmied: »Für den ersten Nagel nehme ich 2 Rpf, für den zweiten 4 Rpf, für den dritten 8 Rpf, usw.« Der Geizige hielt diese Preisberechnung für günstig und willigte ein. – Wieviel ist für den letzten Nagel zu bezahlen, wenn zu jedem Hufeisen 8 Nägel gehören? Schreibe das Ergebnis zunächst als Potenz!

Albrecht, Karl/Bohnemann, Paul: Rechnen und Raumlehre für Mittel-schulen. Ausgabe A für Jungen. Band 5 für Klasse 5. Bielefeld/Leipzig 1942, S. 71.

Die Preisgestaltung ist vermutlich günstig. Geizige Menschen haben dafür immer ein gutes Gespür.

ABER SAG'S NIEMANDEM WEITER!

Flüsterkompetenz

NATIONALSOZIALISMUS

Nach Beendigung des Polenfeldzuges 1939 erfuhr jemand frühmorgens um 8 Uhr fernmündlich, daß unsere Gegner ein Friedensangebot gemacht haben sollten. Nach einer Viertelstunde hatte er dies zwei Bekannten, nach einer weiteren Viertelstunde hatte jeder von diesen es wieder zwei neuen Bekannten mitgeteilt, die in der nächsten Viertelstunde dasselbe taten. Zeige, daß bereits um 1 Uhr mittags diese »Flüsterpropaganda« sämtliche 500000 erwachsenen Einwohner einer Großstadt erreicht hatte, wenn zur Vereinfachung angenommen wird, daß sie bei jeder Weitererzählung immer nur Leute erfuhren, die sie bisher noch nicht gehört hatten. ($2^{10} \approx 1000$)

Köhler, Otto/Graf, Ulrich: Ehlermanns Mathematisches Unterrichtswerk für höhere Schulen. Ausgabe für Mädchenschulen. Bd. III: 6. bis 8. Klasse. Dresden 1941, S. 49.

Zum Missvergnügen des »Führers« handelt es sich hierbei lediglich um ein Gerücht, welches sich nach den Gesetzen der Mathematik fälschlicherweise rasend schnell (exponentiell) verbreitet. Eigentlich hätte die Mathematik im Dritten Reich verboten werden müssen …

IMMER VORWÄRTS!

Marxismuskompetenz

DDR

Auf Karl Marx geht das Exponentialgesetz des Wachstums der gesellschaftlichen Produktion materieller Güter zurück. In erster Näherung gilt

$K = 100\ e^{\varphi t}$

Dabei ist K der sogenannte Produktionsindex in Prozent, t die Zeit in Jahren und φ eine Konstante; bei dem von Marx angegebenen Zahlenbeispiel ist $\varphi = 0,095\ 3\,a^{-1}$. W. I. Lenin entwickelte das Modell von Marx weiter. Er berücksichtigte Faktoren wie den technischen Fortschritt und gelangte 1893 zu einer Gleichung, die die realen Verhältnisse noch besser wiedergibt:

$K = 100\ [1 + v\,(e^{\varphi t} - 1)]\ (v > 0).$

Erläutern Sie, für welchen Spezialfall Gleichung (2) in Gleichung (1) übergeht!

Autorenkollektiv: Mathematik. Lehrbuch für die erweiterte Oberschule. Klasse 12. Berlin (Ost) 1978, S. 104.

Keine Sorge, Sie müssen, wie besprochen, nicht rechnen. Ich verrate Ihnen die Antwort. Für v=1 erhält man die Gleichung des Funktionentheoretikers Marx. Lenin scheint in seiner Freizeit als Mathematiker noch bedeutsamer gewesen zu sein. Für v=0 erhielte man in seiner Formel die ebenso schöne wie geniale Funktionsgleichung des Genossen Generalissimus Stalin. Das Exponentialgesetz wird auch als Weltformel des siegreichen Sowjetkommunismus bezeichnet.

RESIDENT EVIL – DIE DEUTSCHE URFASSUNG

Science-Kompetenz

BUNDESREPUBLIK

Eine fürchterliche Science-Fiction-Story: In einer biologischen Raumstation wird durch den Fehler eines unaufmerksamen Gentechnikers ein 1 mm langer, normalerweise harmloser Wurm so umprogrammiert, daß er seine Länge alle 20 Minuten verdoppelt.

a) Wie lang ist der Wurm 1 (2; 3; 4; 5) Stunde/n nach Beginn seines explosiven Wachstums?

b) Durch was für eine Folge wird dieses Wachstum beschrieben?

c) Da es weder gelingt, den Wurm zu vernichten, noch sein verhängnisvolles Wachstum aufzuhalten, wird genau 5 Stunden nach Beginn der Katastrophe ein warnendes Funksignal zur 24 Lichtstunden entfernten Erde gesendet. Das Funksignal breitet sich mit Lichtgeschwindigkeit (also mit 300000 km/s) aus. Welche Strecke hat es 1 (2; 3; 4; 5) Stunde/n nach seiner Aussendung zurückgelegt?

d) Durch was für eine Folge wird die Ausbreitung des Funksignals beschrieben?

e) Der aggressive Wurm wächst genau in Richtung Erde. Wann hat er sie (mit seinem Vorderteil) erreicht?

f) Wo befindet sich zu diesem Zeitpunkt das Funksignal?

g) Stellen Sie eine Gleichung auf, mit der berechnet werden kann, zu welchem Zeitpunkt der der Erde entgegenwachsende Wurm das Funksignal überholt.

h) Stellen Sie mit Hilfe einer Wertetabelle fest, innerhalb der wievielten Stunde nach Aussendung des Funksignals der Überholvorgang erfolgt.

Hahn, Otto/Dzewas, Jürgen: Mathematik. Grundkurse Analysis. Gesamtausgabe. Braunschweig 1991 , S. 25.

Eine Aufgabe mit Thrill, die die SuS (Sie wissen nicht, wer das ist? Die Schüler und Schülerinnen natürlich! Bitte gut merken – kommt jetzt noch häufiger vor) vermutlich von den Stühlen reißen wird! Hoffen wir, dass der Gentechniker als Erster von diesem grausigen Mutantenwurm gefressen worden ist – quasi als unmittelbare Strafe für seine unverzeihliche Pfuscherei. Wobei: Wird der Wurm auch dicker oder tatsächlich nur länger? Und wäre in letzterem Fall die Panik nicht völlig überflüssig?

ZUM HAARERAUFEN!

Haarausfallkompetenz

BUNDESREPUBLIK

Schulze und Müller liegen im Wettkampf. Beide haben 300 000 Haare auf dem Kopf. Schulze fallen jeden Tag 100 Haare aus, Müller verliert jeden Tag 0,1 % seiner restlichen Haare. Sieger ist, wer zuerst weniger als 1000 Haare auf dem Kopf hat.

Müller geht klar in Führung. Wie groß ist sein Vorsprung nach einem Monat?

Wer wird Sieger?

Cukrowicz, Jutta/Theilenberg, Joachim/Zimmermann, Bernd: Mathe-Netz 10. Ausgabe Gymnasium. Braunschweig 2004, S. 211.

Erfahrene Lehrer kennen das: Rotzfreche Schüler neigen bisweilen dazu, den Unterricht zu sabotieren. In diesem Falle werden sie die Kopfhaare einer männlichen Lehrkraft in die Nähe derer von Schulze und Müller rücken. Da hilft nur eines: Ruhig bleiben und warten, bis sich der Lärm und die Unruhe einigermaßen gelegt haben. Verteilen Sie dann großzügig Strafarbeiten an die Komiker. Zum Beispiel eine Berechnung dazu, wie viele Haare diese in zwei Wochen noch auf dem Kopf haben, wenn Sie ihnen heute ein Haar ausreißen, morgen zwei, übermorgen vier, dann acht …

HOPP, HOPP, HOPP, PFERDCHEN LAUF GALOPP

Angebotsorientierungskompetenz

BRD

Bei Anjas Pferd hat sich ein Eisen gelockert. Der Schmied macht ihr ein Angebot:
Entweder jeder Nagel kostet 1 DM oder der erste Nagel nur 10 Pf und jeder folgende doppelt soviel wie der vorangehende.(Fig. 1). Wie kommt Anja besser weg?

Schmid, August/Schweizer, Wilhelm: Lambacher-Schweizer 10.
Stuttgart 1991 , S. 36.

Ja, Anja kommt besser möglichst schnell weg von diesem Psychopathen. Den Schülern einer 10. Klasse ist übrigens unmittelbar klar, was dieser Typ mit seinen windigen Knobelaufgaben eigentlich will …

ICH WILL JA NIX SAGEN, ABER ...

Drogenkompetenz

BUNDESREPUBLIK

Ein rascher Rufmord:

»Ich will ja nichts gesagt haben, aber die Daniela aus der 11. Klasse hat etwas mit Hasch zu tun«, flüstert wichtigtuerisch ein Mitschüler des absolut unschuldigen Mädchens zu Schulbeginn um 8 Uhr einem Freunde zu. Dieser hat nichts Wichtigeres zu tun, als die vermeintliche Sensation im Laufe der nächsten Viertelstunde an drei seiner Schulkameraden weiterzuerzählen. Diese drei wiederum tischen innerhalb der darauffolgenden Viertelstunde je drei weiteren Schülern das infame Gerücht auf. In gleicher Weise wird die haltlose Verdächtigung von Viertelstunde zu Viertelstunde an bisher noch nicht informierte Schüler weitergegeben.

a) Stellen Sie eine Folge für die Anzahl der Schüler auf, die jeweils innerhalb der 1., 2., 3., k-ten Viertelstunde nach Beginn der üblen Nachrede von dem Gerücht erfahren.

b) Stellen Sie eine Folge auf für die Anzahl der Schüler, die jeweils innerhalb der 1., 2., 3., k-ten Stunde von dem Gerücht erfahren.

c) Wie vielen Schülern ist das Gerücht jeweils nach Ablauf der 1., 2., 3., n-ten Viertelstunde bekannt?

d) Wie vielen Schülern ist das Gerücht jeweils nach Ablauf der 1., 2., 3., n-ten Stunde bekannt?

e) Um wieviel Uhr ist unter diesen Umständen (spätestens) Danielas guter Ruf bei allen 623 Schülern des Martin-Kohlnich-Gymnasiums in Schnellricht-stadt ruiniert?

Hahn, Otto/Dzewas, Jürgen: Mathematik. Grundkurse Analysis. Gesamtausgabe. Braunschweig 1991, S. 33.

Im Verlaufe des Verhörs durch den Schulleiter oder die Schulleiterin wird sich schon zeigen, ob die gute Dani wirklich so unschuldig ist, wie sie immer tut. Erfahrungsgemäß hat ein Gerücht immer einen wahren Kern. Die sensationellere Nachricht unter 17-Jährigen wäre vermutlich gewesen, Dani hätte *nichts* mit Hasch zu tun …

ASIEN ODER AFRIKA –
HAUPTSACHE ITALIEN ...

Afrikakompetenz

<u>BRD</u>

1980 betrug die Bevölkerung des afrikanischen Landes Kuwait ca. 1 Million Einwohner. Wie groß ist die Einwohnerzahl dieses Landes in den Jahren bis 1990, wenn die Bevölkerung angeblich »um 10 % jährlich« wächst?

Schmid, August/Schweizer, Wilhelm: Lambacher-Schweizer 10. Stuttgart 1991, S. 36.

Um hier Irritationen der weit gereisten Schülerinnen und Schüler angesichts der unorthodoxen geografischen Verortung Kuwaits zu vermeiden, wird den Lehrkräften folgende Vorgehensweise vorgeschlagen: Erzählen Sie den Kindern, dass Kuwait vermutlich im 19. Jahrhundert ein Schutzgebiet von Libyen gewesen ist und damit quasi afrikanisch war. Das ist zwar faktisch nicht ganz korrekt, erspart Ihnen aber in jedem Falle eine sinnlose Diskussion über Kontinente und Kontinentaldrift.

Je mehr, desto weniger und umgekehrt — indirekte Proportionalitäten

---

DIE ENTDECKUNG DER LANGSAMKEIT

Stolperdrahtkompetenz

NATIONALSOZIALISMUS

> 5 Soldaten legen in 2 Std. 300 qm Stolperdraht.
> Wenn nun 20 Mann 6 Std. arbeiten?

Rechenbuch für Volksschulen. Gaue Westfalen-Nord und -Süd. Ausgabe A für mehrklassige Schulen. Heft VII. Siebentes und achtes Schuljahr. Halle o. J. [ca. 1941], S. 11.

Ja, was dann? Die 20 Mann können dann bummeln, was sicher nicht im Sinne des »Führers« ist.

VON WEGEN PRODUKTIV!

Schnellpflügkompetenz

DDR

Die Felder eines volkseigenen Gutes werden mit Hilfe eines 20-PS-Schleppers in 18 Tagen gepflügt. Der neu angeschaffte Traktor von 30 PS würde es in 12 Tagen schaffen. In wieviel Tagen wird das Umpflügen der Felder unter Einsatz beider Traktoren bewältigt?

Der beste Mäher eines volkseigenen Gutes mäht eine Wiese in 12 Stunden, ein anderer würde dazu 18 Stunden nötig haben. In wieviel Stunden würden beide gemeinsam die Arbeit schaffen?

Lehrbuch der Mathematik für die Grundschule. 8. Schuljahr.
Berlin/Leipzig 1950, S. 67.

Ich bitte Sie! Diese Aufgaben sind so was von weltfremd. Wie jedes Kleinkind weiß, hat im Sozialismus doch nüscht richtig funktioniert, schon gar nicht Schlepper (Ersatzteilmangel!). Die Arbeiten sind mithin keine Frage von Stunden oder Tagen, sondern von Jahren und Jahrzehnten.

»ICH BRAUCHE 18 TAGE« – »ICH GEBE IHNEN 14!« – »ICH SCHAFF'S IN 10!«

Leistungskompetenz

BRD

Ein Unternehmer hat berechnet, daß eine bestimmte Arbeit von 10 Arbeitern in 18 Tagen erledigt werden kann. Nach 4 Tagen werden 3 Arbeiter krank.
Wie lange haben die übrigen Arbeiter noch zu tun?

Wie groß ist die Gesamtarbeitszeit?

Vogler, Manfred: Mathematisches Arbeitsbuch. Sachrechnen. Frankfurt a. M./Berlin/München 1975, S. 4.

Was soll diese Frage? Nach 18 Tagen muss die Arbeit erledigt sein. Den 7 Arbeitern verbleiben also 14 Tage. Wir sind doch nicht im Sozialismus. Man kann alles, was man muss, wenn man nur will! Der Unternehmer kann sich ja durchaus ein Beispiel an der DDR-Führung nehmen und einfach die Arbeitsnorm erhöhen. Bislang ist bei Mehrarbeit in der Bundesrepublik noch nie was passiert. 17. Juni 1953 hin oder her ...

WER WILL FLEISSIGE HANDWERKER SEH'N ...

Häuslebaukompetenz

BRD

Zehn Maurer stellen einen Rohbau in 3000 Arbeitsstunden fertig.
Wie lange würden 3, 30, 300, 3000 Maurer arbeiten?

Bei wieviel Maurern würde der Rohbau in einer Stunde (in einer Sekunde) stehen?

Tischel, Gerhard: Spektrum der Mathematik. 7. Schuljahr.
Frankfurt a. M./Berlin/München 1985, S. 35.

Bei etwa 100 Millionen Maurern würde der Rohbau in einer Sekunde stehen. Das heißt, die Deutschen (aktuell etwas über 80 Millionen) dürften etwas mehr als die geforderte Sekunde benötigen, die US-Amerikaner (über 300 Millionen) würden es locker schaffen, nur die Qualität wäre eben nicht so hoch (Holzbauweise!).

HALBE ZEIT – DOPPELTE ARBEIT

Naivitätskompetenz

BUNDESREPUBLIK

Ein Betrieb beschäftigt 20 Arbeiter, die wöchentliche Arbeitszeit beträgt 38,5 h. Wie viele Arbeiter benötigt der Betrieb, um bei einer 35-Stunden-Woche die gleiche Arbeitszeit zur Verfügung zu haben?

Schmid, August/Weidig, Ingo: Lambacher-Schweizer 7. Mathematisches Unterrichtswerk für das Gymnasium. Ausgabe Hessen. Stuttgart 2000, S. 31.

Ach, wie herrlich naiv diese Fragestellung ist – als ob jemals eine Reduktion der Arbeitszeit zu neuen Stellen geführt hätte. Entweder muss man in der kürzeren Zeit einfach mehr leisten – oder das Ganze wird outgesourct. Letzteres im Grunde eine echte Win-win-Situation! So entstehen mehr Arbeitsplätze in China, und die Leute in Deutschland haben 3,5 Stunden mehr Freizeit für Netflix und Co.

ICH TRINK OUZO, WAS TRINKST DU SO?

Trinkerkompetenz

Bundesrepublik

Aus einem alten Nürnberger Rechenbuch:

Einer säuft einen Eimer (ca. 70 l) Bier in 18 Tagen.

Wenn ihm sein Weib hilft, saufen sie ihn in 12 Tagen.

Wie lange würde das Weib allein brauchen, um den Eimer Bier zu saufen?

Schmid, August/Schweizer, Wilhelm: Lambacher-Schweizer 9. Stuttgart 1992, S. 54.

Endlich eine Aufgabe, um die schweren Alkoholiker in der Klasse in den Unterricht einzubinden. Damit diese das auch mitbekommen, empfiehlt es sich, mit einer lockeren Schüleransprache einzusteigen: »Digga, wie viel Eimer Bier säufst du am Tag?« Oder noch besser: »Alder, deine Mudda säuft mehr wie du!« Ist die Aufgabe gelöst, geht der Kurs gesammelt einen trichtern. Denn so trinkt man im 21. Jahrhundert Bier. Aus Eimern säuft man nur Sangria – Männlein und Weiblein. Und zwar einen in 30 Minuten.

Das Auf und Ab des Lebens — Parabeln

GRANATENSTARK!

Granatwerferkompetenz

NATIONALSOZIALISMUS

Unter welchem Winkel wird im Steilschuß ein Ziel getroffen, das mit einem Granatwerfer ($v_0 = 50$ m/s) beschossen wird und in 200 m Entfernung in 20 m Höhe über der Abschußstelle liegt?

Kölling, Gerhard/Löffler, Eugen: Mathematisches Unterrichtswerk für höhere Lehranstalten. Band III A für die Klassen 6 bis 8 der Jungen-schulen. Leipzig/Berlin 1940, S. 223.

Die Schüler sollen in dem Granatwerfer eine vorzügliche Waffe der Infanterie erkennen, die es der Bedienmannschaft ermöglicht, den Feind auf kurzen Distanzen aus dessen Stellung zu vertreiben. Allerdings hat dieses Wissen heute doch etwas an Relevanz verloren …

VOLL INS SCHWARZE!

Raketenkompetenz

DDR

Die Flugbahn einer Luft-Boden-Rakete werde durch die Funktion f mit $f(x) = -0,01 x^2 + 0,6x + 15$ beschrieben.

Gibt x die waagerechte Entfernung der Rakete vom Abschußort in Kilometer an, so ist $f(x)$ die Höhe über dem ebenen Gelände in Kilometer.

a) In welcher Höhe wurde die Rakete gestartet?
b) An welcher Stelle trifft die Rakete auf?
c) Unter welchem Winkel trifft sie auf?
d) Bestimmen Sie die Koordinaten des Gipfelpunktes der Flugbahn!
e) Zeichnen Sie den Graph der Funktion!

Autorenkollektiv: Mathematik. Lehrbuch für Klasse 11.
Berlin (Ost) 1980, S. 220.

Hier erkennen wir wieder die unparteiische Schönheit der Mathematik. Die Schülerinnen und Schüler lernen, dass sich quadratische Funktionen ganz vorzüglich zur Lösung von ballistischen Problemen eignen – sei es nun im militärischen Bereich oder aber im künstlerischen Bereich wie in der nächsten Aufgabe.

HOCH SOLL ER LEBEN, AN DER DECKE KLEBEN ...

Artistikkompetenz

BUNDESREPUBLIK

Bei einer Zirkusvorführung wird ein Artist unter einem Winkel von 45° aus einer »Kanone« abgeschossen und landet in einem 15 m entfernten Wasserbehälter, der gegenüber der Kanonenöffnung 3,75 m höher steht. Könnte die Vorführung auch in einem 6 m hohen Saal stattfinden?

Buck, Heidi/Dürr, Rolf/Freudigmann, Hans/Reinelt, Günther/Zinser, Manfred: Lambacher-Schweizer. Analysis. Grundkurs. Gesamtband. Mathematisches Unterrichtswerk für das Gymnasium. Ausgabe A. Stuttgart u. a. 2003, S. 116.

Die Frage ist reichlich naiv gestellt. Selbstverständlich kann die artilleristische Vorführung auch in einem 6 Meter hohen Saal stattfinden. Allerdings könnte sich der Artist den Kopf an der Decke stoßen. Zum Schutz ist also ein Fahrradhelm anzuraten.

AUS HEITEREM HIMMEL

Feuerballkompetenz

BUNDESREPUBLIK

Bei einer Zirkusvorführung wird ein Feuerball unter einem Winkel von 45° aus einer »Kanone« abgeschossen und landet in einem 15 m entfernten Wasserbehälter, der gegenüber der Kanonenöffnung 3,75 m höher steht.

Bestimmen Sie eine geeignete Funktion, die die Flugbahn des Balles beschreibt. Überprüfen Sie rechnerisch, ob die Vorführung in einem 6 m hohen Saal stattfinden kann.

Herd, Edmund/Hoche, Detlef/König, Andreas/Stühler, Andrea: Lambacher-Schweizer. Mathematik. Einführungsphase. Hessen. Stuttgart 2016, S. 185.

Luft-Boden-Rakete klingt zu militaristisch, Artistengranate hört sich auch irgendwie unschön an – dann eben Feuerball ohne Granate … Hauptsache, es knallt gehörig!

BOOM. BOOM. BOOM. – MILITARIA

Die »Feuerballkompetenz« am Ende des letzten Kapitels hat es gezeigt: Krieg, Militär und Militarismus sind das letzte Tabu in der bundesrepublikanischen Gesellschaft. Dabei war es vor vielen, vielen Jahren einmal die schönste Nebenbeschäftigung für die Angehörigen der Familien, die schon ganz lange hier leben. Sowohl für das männliche (Peng, Peng) als auch für das weibliche Geschlecht (»Hach, Männer in Uniform!«) hatte das Militär eine gewisse Anziehungskraft. Militarismus hat uns ganz wesentliche Errungenschaften der deutschen Geschichte beschert. Den Hauptmann von Köpenick, die Marschmusik, den Erbseneintopf, den Leopard 2, um nur die unverzichtbarsten zu nennen.

Gut, da gab es auch noch zwei Weltkriege und so, die ein nostalgisches Schwelgen in der Vergangenheit bisweilen durchaus kritisch erscheinen lassen. Doch Genuss ohne Reue für die letzten verbliebenen Bewunderer des Militärischen bieten die folgenden Textaufgaben.

Ich hoffe, die vereinzelten militärischen Beispiele aus den vorherigen Kapiteln haben Ihnen bereits Appetit gemacht. Jetzt gehen wir noch einmal in die Vollen. Egal ob eher rechts oder links der Mitte angesiedelt – da ist für jeden was dabei!

Lehnen Sie sich zurück und genießen Sie!

DEUTSCHLAND: EINS!
FRANKREICH: NUUULL!

Erbfeindschaftskompetenz

WEIMARER REPUBLIK

Zwei feindliche Heere F. und D. sind 200 km voneinander entfernt und marschieren einander entgegen. Das Heer F. marschiert täglich 30 km, das andere Heer täglich 35 km. Wann werden beide Heere sich bis auf 5 km genähert haben?

Das Heer D. (Nr. 132) bricht einen halben Tag früher auf als das Heer F. Wann werden sich nun die Heere in 20 km Entfernung gegenüberstehen?

Kirchert, Friedrich/Pietzker, Karl/Vorpahl, Wilhelm: Arithmetik und Algebra für Knaben-Mittelschulen. Halle 1928, S. 105.

Aufgrund des französischen Schlendrians ist das deutsche Heer natürlich schneller und effektiver – zumindest in der Theorie im Jahre 1928. Klar, wer immer nur Rotwein säuft und Gauloises dazu raucht, der schafft es nicht, Tempo zu machen. Die Franzosen halt …

WASCHLAPPEN!

Bombardierungskompetenz

NATIONALSOZIALISMUS

Ein Flugzeugträger bringt ein Bombengeschwader bis 60 km an die Feindküste und kehrt dann mit 22 sm/std um. Das Geschwader fliegt mit 320 km/std, bombardiert 15 min lang einen Hafen und kehrt zum Flugzeugträger zurück. In welcher Entfernung von der Küste holt das Geschwader den Flugzeugträger ein?

Frank, Hermann/Drenkelfort, Heinrich/Meyer, Josef: Mathematik für höhere Schulen. Mittelstufe (dritte bis fünfte Klasse). Münster 1942, S. 221.

Mal eine ganz blöde Frage: Warum kehrt der Flugzeugträger um? Ach stimmt ja – »Wollt ihr den totalen Krieg?« war erst 1943. Aber wirklich! Solche Waschlappen-Aktionen hätte es nach der Rede im Sportpalast nicht mehr gegeben.

KEINE ABSICHT, ALTER!

Brisanzbombenkompetenz

NATIONALSOZIALISMUS

84. Ein Bombenflugzeug läßt aus h=2100 m Höhe eine Brisanzbombe fallen. Mit welcher Geschwindigkeit v und nach welcher Zeit t erreicht sie den Erdboden?

Bardey, Ernst/Schlie, Arnold: Arithmetik.
Leipzig/Berlin 1940, S. 221.

Diese Aufgabe ist problemlos im heutigen Matheunterricht einsetzbar. Die Formulierung ermöglicht es nämlich, den SuS die Sache so darzustellen, als ob die Brisanzbombe gänzlich unbeabsichtigt fallen gelassen worden wäre – und scharf gemacht war sie ja sowieso noch nicht.

HÄNDE HOCH!

Deutsche Begrüßungskompetenz

NATIONALSOZIALISMUS

Wir sehen einen Flieger unter einem seitlichen Winkel $\alpha = 30°$ (von der Nordrichtung aus gemessen) und unter einem Erhebungswinkel $\gamma = 50°$. Zeige mit deinem rechten Arm in die Richtung des Fliegers!

Grünholz, Karl u. a.: Schulmathematik. Band II für Klasse 3 bis 5 höherer Schulen. Bamberg 1940, S. 83.

Der Verfassungsschutz warnt: Diese Aufgabe sollte man keinesfalls in der Öffentlichkeit lösen. Der Spitalsplural »wir« (»Wie geht es uns denn heute?«) deutet ja schon an, dass diese Aufgabe etwas für kranke Menschen ist.

KNAPP DANEBEN IST AUCH VORBEI ...

Kleinkaliberkompetenz

NATIONALSOZIALISMUS

Beim Kleinkaliberschießen auf die deutsche Kleinkaliberscheibe (12 Ringe) erzielte ein SA-Mann bei 5 Schuß folgendes Ergebnis: 9, 11, 12, 8, 10 Ringe. Wie groß war die mittlere Ringzahl?

Bardey, Ernst/Schlie, Arnold: Arithmetik.
Leipzig/Berlin 1940, S. 11.

Was sich die Macher dieses Schulbuchs wohl dabei gedacht haben? Eine mittlere Ringzahl von 10 auf der deutschen Kleinkaliberscheibe ist als ungenügend zu bezeichnen. Die Schülerschaft gewinnt hier ein gänzlich falsches Bild von der Vortrefflichkeit der SA-Männer. Denn da gilt: Jeder Schuss ein Treffer, jeder Schuss geht rein!

BOMBENSICHER?

Wirksamkeitskompetenz

NATIONALSOZIALISMUS

³/₁₀ der abgeworfenen Brandbomben sind Blindgänger, und ⅕ verfehlt das Ziel. a) Wieviel Bomben sind wirksam? b) Wieviel Häuser können zerstört werden, wenn ein Haus durch 5 Brandbomben in Brand gesetzt wird?

Kruckenberg, Adolf/Hass, E.: Rechenbuch für Volksschulen. Gau Magdeburg-Anhalt. Heft III. Fünftes und sechstes Schuljahr. Frankfurt a. M. 1941, S. 99.

Die Volksschüler der NS-Zeit sollen offenbar erkennen, dass man als Bomberpilot besser ein paar Brandbomben mehr mitnimmt – zur Sicherheit und so … Wobei man sich da schon fragt: Wie kann das sein, dass fast ein Drittel davon nicht hochgeht? Das kann doch keine deutsche Wertarbeit sein! Und ganz am Rande: Wer hat mit der Bomberbesatzung zielen geübt? Völlig unverantwortlich …

ICH SEHE WAS, WAS DU NICHT HÖRST ...

Schall-und-Rauch-Kompetenz

NATIONALSOZIALISMUS UND DDR

Der Mündungsknall eines Geschützes, der beim Austritt der Pulvergase aus dem Rohr erzeugt wird, wird 5 Sekunden, nachdem das Mündungsfeuer gesehen wurde, gehört. In welcher Entfernung steht das Geschütz? (Schallgeschwindigkeit a ≈ 333 ms⁻¹.)

Kölling, Gerhard/Löffler, Eugen: Mathematisches Unterrichtswerk für höhere Lehranstalten. Band III A für die Klassen 6 bis 8 der Jungenschule. Leipzig/Berlin 1940, S. 228.

Von einer Beobachtungsstelle wird Geschützfeuer beobachtet. Vom Aufblitzen des Abschusses bis zum Eintreffen des Schalls verstreichen 4,3 s. Der Schall legt je Sekunde 332 m zurück. Berechne die Entfernung des Beobachters vom Geschütz!

Autorenkollektiv: Mathematik. Lehrbuch für Klasse 5. Berlin (Ost) 1984, S. 126.

Diese Aufgabe hat durchaus ihre Berechtigung. Schließlich ist es immer gut zu wissen, wo der Feind steht, in der Schule wie im Alltag.

Allerdings ist nicht ganz klar, weshalb sich die Schallgeschwindigkeit zwischen 1940 und 1984 um 1 Meter pro Sekunde verlangsamt hat. Es spricht aber einiges dafür, dass die Luft aufgrund des Ost-West-Konflikts dicker geworden ist.

DER IST JA VOLL NAH!

Panzererkennungskompetenz

DDR

Ein Beobachtungsposten der NVA sieht einen Panzer mittlerer Größe genau von vorn, und zwar unter einem Sehwinkel von 0,3°. Da er weiß, daß Panzer dieses Typs eine Breite von 2,5 m haben, kann er die Entfernung des Panzers berechnen.
Wie weit ist der Panzer entfernt?

Autorenkollektiv: Mathematik. Lehrbuch für Klasse 10.
Berlin (Ost) 1989, S. 82.

Welchen Sinn mag diese schräge Aufgabe haben? Worauf zielt sie nur ab? Es kann ja wohl nicht darum gehen, durch die exakte Berechnung der Entfernung den Panzer mittels einer Panzerabwehrwaffe zu bekämpfen – oder? Ach so, DDR-Aufgabe …

KOMMT EIN VÖGLEIN GEFLOGEN ...

Maschinengewehrkompetenz

<u>DDR</u>

Bei einer Übung der NVA sieht ein Beob-
achter zwei feindliche MG-Nester A und B
unter einem Winkel von etwa 130°. Einen
in A abgegebenen Feuerstoß hört er 7 s,
einen in B abgegebenen 8 s nach dem Auf-
leuchten des Mündungsfeuers. Wie weit
sind die beiden MG-Nester voneinander
entfernt? (L)

Autorenkollektiv: Mathematik. Lehrbuch für Klasse 10.
Berlin (Ost) 1989, S. 82.

Wem mag dieses MG-Nest nur gehören? Der Magellangans, einem Mönchsgeier oder gar einer klitzekleinen, total knuffigen Mönchsgrasmücke? Und warum wird da geschossen? Fragen über Fragen. Tierliebende Schülerinnen und Schüler werden sich in jedem Falle weigern, diese Aufgabe zu lösen.

BIEB ... BIEB ... BIEB ... BÄNG!

Radarkompetenz

DDR

Eine Radarstation ortet ein Ziel nacheinander in den Punkten P_1 (24; 5; 7) und P_2 (21; 3; 6,5). Das Ziel bewegt sich auf geradlinigem Kurs. Eine Abwehrrakete soll vom Punkte P_0 (8; − 1; 1) aus das Ziel ebenfalls auf geradliniger Bahn erreichen. Die Richtung der Raketenbahn wird durch den Vektor

$$a = 2i − j + 2f$$

bestimmt.

Stellen Sie die Gleichungen der beiden Flugbahnen in Parameterform auf!

Zeigen Sie, daß sich die beiden Flugbahnen in einem Punkt schneiden, und berechnen Sie die Koordinaten dieses Punktes!

Autorenkollektiv: Mathematik. Lehrbuch für die erweiterte Oberschule. Klasse 12. Berlin (Ost) 1978, S. 178.

Es verwundert, wie zurückhaltend die Aufgabe formuliert ist. Denn die schlauen DDR-SuS wissen natürlich: Wenn sich die beiden Flugbahnen schneiden, dann fliegt nichts mehr weiter ... vor allem nicht der Klassenfeind! Das sollte man doch wohl mal klar und deutlich aussprechen dürfen. Babämm!

WER HAT DEN GRÖẞEREN ... ERNTEERTRAG? – DER VERGLEICH MIT DEM POTENZIELLEN FEIND

Es gibt doch nichts Schöneres auf Erden als eine Ideologie, der man sich ganz verschreiben kann. Denn dann wird die Welt gleich wieder viel übersichtlicher und man vermag zweifelsfrei zwischen Gut und Böse zu unterscheiden.

Was war das doch z. B. für eine herrliche Zeit von 1945 bis zum Fall der Berliner Mauer 1989. Gut, der Ostblock und der Westen standen sich waffenstarrend gegenüber und fuchtelten drohend mit ihren Atomwaffen. Aber ansonsten war doch alles in Butter. Fragen Sie nur die letzten verbliebenen Kalten Krieger beider Seiten.

Tauchen wir ein in die Vergangenheit, in der man noch verlässlich wusste, was gut und was böse war ...

DIE DICKSTEN KARTOFFELN!

Überlegenheitskompetenz

NATIONALSOZIALISMUS

Der deutsche Bauer ist allen anderen voran!

1929–1935 wurden im Durchschnitt in dz je Hektar geerntet:

	Weizen	Gerste	Kartoffeln
Deutschland	21,7	20,1	156,1
Frankreich	15,5	14,8	110,0
Polen	11,8	12,1	112,7
Rumänien	9,6	10,3	91,1
Ungarn	13,5	14,1	62,0

Um wieviel v. H. steht der deutsche Bauer über dem Durchschnitt?

Rechenbuch für Volksschulen. Gaue Westfalen-Nord und -Süd. Ausgabe A für mehrklassige Schulen. Heft VII. Siebentes und achtes Schuljahr. Halle o. J. [ca. 1941], S. 18.

Die Tabelle bestätigt einmal mehr die Binsenweisheit, dass dem deutschen Bauer so schnell keiner etwas vormacht. Da die Zahlen der Statistik belastbar und hochseriös (*made in Germany – klaro!*) sind, gibt es keinerlei Interpretationsspielraum. Wie war das noch mal mit den dümmsten Bauern?

EINSAME SPITZE

Höhenkompetenz

DDR

Der höchste Berg Europas ist der Mont Blanc. Er ist 4 810 m hoch. Der höchste Berg in der Sowjetunion, der Pik Kommunismus, ist 7 495 m hoch. Der höchste Berg der Welt, der Tschomolungma im Himalaja, ist 8 848 m hoch.

Stelle die Höhe der Berge in einem Streckendiagramm dar! Runde dazu in geeigneter Weise!

Um wieviel Meter ist der Pik Kommunismus höher als der Mont Blanc?

Autorenkollektiv: Mathematik. Lehrbuch für Klasse 4. Berlin (Ost) 1982, S. 78.

Also, wenn ihr uns so kommt, dann können wir auch anders. Das mag ja sein, dass der Pik Kommunismus höher als der Mont Blanc ist; die Zugspitze (2 963 Meter) ist aber allemal höher als der Fichtelberg (1 215 Meter) in Sachsen! SO!

Bis 1962 hieß der Pik Kommunismus übrigens Pik Stalin. Neun Jahre nach dessen Tod wurde er umbenannt in Pik Kommunismus. Heute heißt er Pik Ismoil Somoni. Für alle, die's nicht wissen wollen: Der Name geht zurück auf den tadschikischen »Vater der Nation« Ismail I.

Unweit des Pik Kommunismus, ebenfalls im Pamir-Gebirge, liegt der Pik des XIX. Parteitages der KPdSU (5 920 Meter). Verrückt, oder?

ALLES LÜGE!

Ingenieurskompetenz

DDR

In welchem Maße Wissenschaftler in den sozialistischen Ländern ausgebildet werden, zeigt folgendes Beispiel: In der Sowjetunion und in den USA beenden jährlich von 1 Million Menschen 416 das Studium als Ingenieure, und zwar im Verhältnis 35 zu 17. Wieviel Ingenieure verlassen jährlich in der Sowjetunion und in den USA die Hochschulen?

Weis, Erich: Mathematik für Berufsschulen. Teil I.
Berlin (Ost) 1960, S. 135.

Aha, hier also der Beweis, dass die Sowjetunion während des Kalten Krieges mehr Ingenieure ausgebildet hat als die zu Provokationen neigenden USA. Diese Zahlen sind der Hauptgrund dafür, dass die US-Regierung sich 1969 dazu gezwungen sah, die Mondlandung unter großem Aufwand in den Walt Disney Studios vorzutäuschen. Neil Armstrong war eigentlich Schreiner. Wussten Sie wahrscheinlich schon?

DOKUMENTATION DES SCHEITERNS

Verschwörungskompetenz

DDR

Wieviel Prozent der Entfernung bis zum Mond (384000 km) erreichten die gescheiterten amerikanischen Mondraketen des Jahres 1958?

1. Rakete	18.8.58	kurz nach dem Start explodiert
2. Rakete	11.10.58	128 000 km
3. Rakete	8.11.58	1 600 km
Juno	6.12.58	102 000 km

Rechnen, Messen, Konstruieren. Siebentes Schuljahr.
Berlin (Ost) 1959, S. 127.

Es verwundert, weshalb das Wort nicht noch einmal extra hervorgehoben wurde. Ich mache das hier kurz: Es geht um die **GESCHEITERTEN** amerikanischen Mondraketen. Die vorliegenden Daten aus dem Arbeiter- und Bauernstaat belegen noch einmal eindrucksvoll, dass die US-Imperialisten unmöglich auf dem Mond gewesen sein können (Neil Armstrong – der Schuhverkäufer – eine reine Luftnummer!). Auch zahlreiche Tweets und Blogs im Netz haben die angebliche Mondlandung der schießwütigen Amis neuerdings zweifelsfrei als Lüge entlarvt ...

DDR – REPUBLIK DER DICHTER UND DENKER

Statistikkompetenz

DDR

Ergänzen Sie die vorstehenden Berechnungen durch eine grafische Darstellung und interpretieren Sie die Kennziffern in Textform!

Nach Angaben im Statistischen Taschenbuch der DDR entwickelte sich die industrielle Produktion von 1960 bis 1972 in

- der DDR auf 205 Prozent
- der SU auf 261 Prozent
- den USA um 71 Prozent
- der BRD um 87 Prozent.

Autorenkollektiv: Aufgabensammlung Statistik für Hoch- und Fachschulen. Berlin (Ost) 1976, S. 57.

»Vorwärts immer, rückwärts nimmer!« Die Kennziffern sind amtlich (deutsche demokratische Statistik) und damit belastbar. Sie lassen nur einen Schluss zu: Von der Sowjetunion lernen, heißt siegen lernen.

WITZ KOMM RAUS, DU BIST UMZINGELT! – KAPITÄNSAUFGABEN

Aufgepasst. Jetzt wird's witzig:
Mathematiker. Haben. Humor.
Selten so gelacht?
Es ist wahr. Die sogenannten Kapitänsaufgaben sind der nicht ganz lebende Beweis dafür. Unter Kapitänsaufgaben versteht man in der durchgeknallten mathematischen Zunft Scherzaufgaben beziehungsweise auffallend unsinnige Aufgaben, die von Menschen, die ihre Sinne noch beisammenhaben, nicht zu lösen sind. Entweder ist die Aufgabe unvollständig oder gänzlich unrealistisch oder aber die Aufgaben haben mit der Fragestellung nichts zu tun.
Kapitänsaufgaben sind in jedem Falle alltagsnah, da das reale Leben ja bekanntlich mindestens genauso irre ist.

EINE SCHRECKLICH VERFRESSENE FAMILIE

Lutscherkompetenz

BRD

> Herr Meyer trinkt zwei Glas Bier. Frau Meyer
> ißt vier Brötchen und die Tochter Irmgard
> sechs Kekse, der Sohn Gerhard lutscht acht
> Bonbons.
>
> Kannst du einen Mittelwert angeben?

*Winter, Heinrich/Ziegler, Theodor: Neue Mathematik. 6. Schuljahr.
Hannover 1970, S. 191.*

Ausrechnen kann man da, wie der mitdenkende Leser auf den
ersten Blick erkannt hat, nicht viel. Allerdings lässt sich eine
weitaus wichtigere Erkenntnis aus dieser Aufgabe ziehen: Herr
und Frau Meyer, Irmi und Gerd können als mahnende Beispiele
für ungesunde Ernährung (Alkohol, Weißmehlprodukte, Gluten,
Zucker) und Fettleibigkeit angeführt werden. Die hier zu stellen-
de Frage müsste eigentlich lauten: »Wer von den vieren stirbt als
Erster?«

AUF DER FALSCHEN SPUR ...

Kapitänskompetenz

BUNDESREPUBLIK

Unter einer »Kapitänsaufgabe« versteht man üblicherweise eine völlig unsinnige Aufgabe. Kennt ihr solche Aufgaben?

Untersucht, wie es sich mit folgender Aufgabe verhält:

Ein Schiff ist viermal so lang, wie der Kapitän alt ist. Die Summe aus beiden ist so hoch wie die Siedetemperatur des Wassers.

Wie alt ist der Kapitän, wie lang das Schiff?

Cukrowicz, Jutta/Theilenberg, Joachim/Zimmermann, Bernd: Mathe-Netz 8. Ausgabe Gymnasium. Braunschweig 2003, S. 180.

Ganz schön hinterlistig! Eine vordergründig lösbare Aufgabe. Lediglich das Ergebnis mutet etwas seltsam an. Mit 20 Lenzen soll man es schon zum Kapitän eines Schiffes bringen, das viermal so lang ist wie man selbst, nämlich 80 Jahre, äh Meter? Und wie hoch ist noch einmal die Siedetemperatur von Salzwasser? Schwierig, schwierig ... Ach, Scheiß-Aufgabe!

DADIDELDUMM

Schwätzerkompetenz

BRD

Ein Zeitungsverkäufer will Frau Meinert an der Haustür ein Abo aufschwatzen. »Wenn Sie rauskriegen, wie alt meine drei Töchter sind, nehme ich Ihnen ein Abo ab«, schlägt Frau Meinert vor. »Ich verrate Ihnen, dass das Produkt ihrer Jahre 36 ist und dass die Summe ihrer Jahre unsere Hausnummer ergibt.«

Der Verkäufer schaut auf die Hausnummer und fragt: »Wie heißt Ihre jüngste Tochter?«

»Friederike«, antwortet Frau Meinert.

Wie lautet die Hausnummer?

Cukrowicz, Jutta/Theilenberg, Joachim/Zimmermann, Bernd: Mathe-Netz 7. Ausgabe Gymnasium. Braunschweig 2003, S. 176.

Herrlich gewitzt von Frau Meinert. Anstatt sich vom Zeitungs-verkäufer vollquatschen zu lassen, textet sie ihn lieber selbst zu. Dieser Redefluss kann nur von manchem Schülerexemplar ge-toppt werden.

ZWEI MAL DREI MACHT VIER, WIDDEWIDDEWITT, UND DREI MACHT NEUNE ...

Landrattenkompetenz

BRD

Auf einem Schiff gibt es fünfmal so viele Ratten wie Masten und Bullaugen zusammen. Zieht man von der um 10 vermehrten Anzahl der Bullaugen die vierfache Anzahl der Masten ab, so ergibt sich ein Fünftel der Anzahl der Ratten. Addiert man die Anzahl der Ratten zur Anzahl der Masten, so erhält man 252. Addiert man schließlich die Anzahl der Ratten, Masten und Bullaugen, so erhält man das Fünffache des Alters des Kapitäns.

Wie alt ist der Kapitän, wie viele Ratten gibt es an Bord und wie viele Masten und wie viele Masten und Bullaugen hat das Schiff?

Tischel, Gerhard: Spektrum der Mathematik. 9. Schuljahr. Frankfurt a. M./Berlin/München 1987, S. 146.

Jede Wette, dass beim Lesen der Aufgabe ein(e) Schüler(in) in der Klasse panisch aufschreit: »Igitt, Ratten!« Es ist doch immer dasselbe mit solch lehrreichen und spannenden Aufgaben ...

DA-DA-DA-DAAA!

Musikantenkompetenz

BRD

Beethoven hat 9 Sinfonien geschrieben. Ein Orchester spielt die 5. Sinfonie in 35 Minuten. Wie lange benötigt das gleiche Orchester für die 8. Sinfonie?

Tischel, Gerhard: Spektrum der Mathematik. 7. Schuljahr. Frankfurt a. M./Berlin/München 1985, S. 31.

Na klar: 56 min! Das haben die Siebtklässler sofort raus.
Aber viel wichtiger: Diese Aufgabe kann einen echten Beitrag zur Versöhnung von ernster und populärer Musik leisten. Schließlich war Beethoven vor 200 Jahren in der Kategorie *Musik National* das, was Helene Fischer heute ist. Allerdings hatte der alte Beethoven arge Hörprobleme, weswegen er nicht mehr so gut singen konnte.

RICHTIG GUTE VERGLEICHE

Betäubungsmittelkompetenz

BRD

> Die »Beatles« (4 Musiker) spielen den Titel »Yesterday« in 124 Sekunden. Wie lange würden die »Rolling Stones« (5 Musiker) für den gleichen Titel benötigen?

Tischel, Gerhard: Spektrum der Mathematik. 7. Schuljahr.
Frankfurt a. M./Berlin/München 1985, S. 36.

Und wie lange dauert eine Schulstunde, wenn nicht 20, sondern 30 Schüler gähnend den Ausführungen des Lehrkörpers lauschen? Schüler, die tatsächlich ernsthaft versuchen, diese Aufgabe zu lösen, werden vom weiteren Unterricht ausgeschlossen. Die verbleibenden Mitglieder der Lerngruppe problematisieren die beiden Bands und diskutieren über deren Betäubungsmittel-Eskapaden. Wichtig: Gras ist okay, LSD und Meth sind böse. (Tipp für den Lehrkörper: Biedern Sie sich aber keinesfalls mit der Bemerkung an, dass Sie selbst hin und wieder auf der Lehrertoilette kiffen. Sie sind Vorbild und so.)

POLITICALLY INCORRECT – SCHWARZ-WEISS-GELBE AUFGABEN

Nachdem wir uns zunächst vom Mohrenkopf und dann vom Negerkuss verabschiedet haben und nur noch Schokoküsse essen, stellen sich beim aufgeklärten Leser heutzutage alle Nackenhaare auf, wenn er dem N-Wort begegnet. Zu Recht! Dabei wurde der Begriff »Neger« noch vor einigen Jahren recht unreflektiert in der Öffentlichkeit gebraucht, wie die folgenden Beispiele zeigen werden.

Erlauben wir uns daher ein irritiertes Kopfschütteln angesichts einer Vielzahl von politically nicht so ganz korrekten Fragestellungen.

NUN SAG, WIE HAST DU'S MIT DER RELIGION?

Konfessionskompetenz

BRD

Übertrage folgendes Mengenbild mehrmals in dein Heft und kennzeichne folgende Mengen durch Schraffieren

a) amerikanische Neger,

b) katholische Amerikaner,

c) amerikanische Katholiken,

d) Katholiken, die nicht Amerikaner sind,

e) Amerikaner, die nicht Katholiken sind,

f) katholische amerikanische Neger,

g) nicht-schwarze Amerikaner,

h) nicht-katholische Neger,

i) katholische Neger, die nicht Amerikaner sind,

j) amerikanische Katholiken, die nicht Neger sind.

Bilde weitere Beispiele.

Neunzig, Walter: Wir lernen Mathematik. 5. Schuljahr.
Freiburg i. B. 1971, S. 176 f.

Verrückt – oder?

79

NIX MIT GRAUZONE

Schwarz-Weiß-Kompetenz

BRD

In einem afrikanischen Staat ist das Zahlenverhältnis zwischen {Neger} und {Weiße} gleich 7:1. Die Gesamteinwohnerzahl beträgt 16 Millionen.

Rechne.
Zeichne ein Bild mit 🚹 für 1 Million Einwohner.

Winter, Heinrich/Ziegler, Theodor: Neue Mathematik. 6. Schuljahr. Hannover 1970, S. 138.

Die Schülerschaft soll hier offenbar lernen, dass man als Mensch in besagtem afrikanischen Staat entweder schwarz oder weiß ist, die Schnittmenge von {Neger} und {Weiße} also leer ist. Wirklich sehr plausibel und, äh, schlüssig …!

NUR NICHT DIE HÄNDE SCHMUTZIG MACHEN!

Handrückenkompetenz

BRD

Stelle mit Hilfe der eingeführten Zeichen folgende Sätze dar:

Wenn ein Mensch ein Neger ist, dann hat er schwarze Handrücken.

Wenn ein Mensch schwarze Handrücken hat, dann ist er ein Neger.

Neger und nur Neger haben schwarze Handrücken.

*Schröder, Heinz/Uchtmann, Hermann: Einführung in die Mathematik
für allgemeinbildende Schulen. 8. Schuljahr.
Frankfurt a. M./Berlin/München 1975, S. 154.*

Hier geht es um Aussagenlogik. 1975 waren nur zwei Aussagen falsch. Heute sind alle drei politisch inkorrekt – zu Recht!

BRAUN, BRAUN, BRAUN SIND ALLE MEINE ...

Farbkompetenz

NATIONALSOZIALISMUS

Die Rassen der Erde. Um das Jahr 1933 gab es auf der Erde 678 Mill. Weiße, 999 Mill. Gelbe, 140 Mill. Schwarze, 28 Mill. Braune, 18 Mill. Rote und 167 Mill. Mischlinge. a) Berechne die Gesamtbevölkerung 1933 und ihre prozentuale rassenmäßige Aufteilung! b) Stelle die rassenmäßige Zusammensetzung der Erdbevölkerung zeichnerisch dar!

Koschemann, Otto/Schniedewind, Georg: Raum- und Zahlenlehre für Mittelschulen. Ausgabe B (für Mädchenschulen). Heft 5 und 6 für die 5. und 6. Klasse. Frankfurt a. M. 1943, S. 186.

Hier gilt es, auf einen bedauerlichen Druckfehler hinzuweisen: Die Anzahl der Braunen (28 Millionen) ist unkorrekt. Das Deutsche Reich hatte im Jahre 1933 bereits um die 60 Millionen Einwohner.

PLÖTZLICH CHINESE!

Chinakompetenz

BRD

»Jeder vierte ist Chinese«. – Graf Bobby freut sich:
»Ein Glück, ich bin der fünfte in der Reihe.«
Welchen Gedankenfehler hat Graf Bobby gemacht?

Winter, Heinrich/Ziegler, Theodor: Neue Mathematik. 5. Schuljahr.
Hannover 1969, S. 43.

Graf Bobby, ein englischer Adliger (vermutlich niederer Adel), Rassist und Erfinder des gleichnamigen Spielzeugautos, ist der Fünfte in einer Schlange und befürchtet zunächst, vielleicht unwissentlich Chinese zu sein, um nach dem Zitieren einer Statistik glücklich aufzuatmen, weil er sich als Nicht-Chinesen identifiziert. Und da soll bei besagtem Grafen wirklich nur ein Gedankenfehler vorliegen? Der Mann ist schwer krank – und das merkt die Schülerschaft sofort.

WENN IN EINEM RAUM DREI SIND UND VIER RAUSGEHEN, MUSS EINER WIEDER REIN, DAMIT KEINER DRIN IST. [4] – MENGENLEHRE

Haben Sie schon mal was von der »Neuen Mathematik« gehört? Der geht es Mitte des 20. Jahrhunderts darum, den Schülern nicht mehr nur stures Rechnen und Elementargeometrie beizubringen, sondern vielmehr ein ganz grundsätzliches Verständnis für die abstrakten Strukturen der Mathematik. Die Parole eines wichtigen Vertreters der Neuen Mathematik lautet entsprechend: »Nieder mit Euklid – Tod den Dreiecken!«

Das klang für viele Bildungspolitiker logisch und vernünftig. Deshalb wurde Anfang der 1970er-Jahre die Neue Mathematik für alle Schulformen eingeführt. Was bedeutete das konkret? Schüler lernten in der ersten Klasse nicht mehr Zählen und Rechnen. Den Einstieg in die Mathematik stellte für die Erstklässler stattdessen die »naive Mengenlehre« dar.

Wer bei dem Wort »naiv« an »naive Kunst« denken muss, der liegt gar nicht so falsch, denn während der neue Stoff vor allem die Grundschullehrer und die Eltern der Schüler vor enorme

---

4 Unschlagbares Zitat des 2016 verstorbenen Politikers und ehemaligen Ministerpräsidenten von Baden-Württemberg, Lothar Späth.

intellektuelle Herausforderungen stellte, hantierten die Grundschüler wie naive Künstler mit den neu eingeführten Plastikplättchen (Kreise, Rechtecke, Dreiecke in verschiedenen Farben) und verschlampten oder verschluckten diese.

Was man zu diesem Zeitpunkt noch nicht wusste: Mengenlehre traumatisiert die Kinder und wird im Laufe des Erwachsenenlebens zu Depressionen führen – vor allem beim Anblick von roten Kniestrümpfen oder gelben Dreiecken. Nach Eltern- und Lehrerprotesten wurde diese irrsinnige fachdidaktische Revolution wenige Jahre später wieder abgeblasen.[5]

Warum?

Sehen Sie am besten einfach selbst …

---

5   *Das bahnbrechende Werk der Kritik stammt von Jürgen Dahl. Vgl. Dahl, Jürgen: Einrede gegen die Mengenlehre. Einrede gegen die Mobilität. Einrede gegen Plastic (sic!). Ebenhausen 1974.*

EINE MENGE BULLSHIT

Mengenkompetenz

BRD

Warum handelt es sich bei den folgenden »Mengen« nicht um Mengen im mathematischen Sinn?

Herr Müller trinkt im Kaffee eine Menge Milch.
Die Menge der Schüler mit blondem Haar.
Frau Mayer gibt eine Menge Geld aus.
Peter hat eine Menge Ehrgeiz.
Heute haben wir eine Menge Mathematik geschafft.

Winter, Heinrich/Ziegler, Theodor: Neue Mathematik. 5. Schuljahr. Hannover 1969, S. 13.

Die Müller-Mayers. Eine typische deutsche Durchschnittsfamilie. Er – offenbar Mathelehrer und fixiert auf blonde Schüler, darüber hinaus abhängig von koffeinhaltigen Heißgetränken. Sie – haut durch den Kauf von sinnlosen Konsumgütern und Schuhen das Geld raus. Der Sohnemann Peter gilt als ehrgeizig, ist in Wahrheit aber nur frustriert und deshalb aggressiv. Insgesamt also eine Familie mit einer Menge von nicht mathematischen Problemen …

LET'S TALK ABOUT SECHS.

Sexspielzeugkompetenz

BRD

(Gruppen- oder Einzelarbeit.)

Bei Eingabe von 3 Plättchen sollen 18 Plättchen ausgegeben werden. Die ⑥-Maschine ist kaputtgegangen. Ist das schlimm? Kann man sie durch andere Maschinen ersetzen?

Neunzig, Walter: Wir lernen Mathematik. 6. Schuljahr.
Freiburg i. B. 1972, S. 41.

Nein, das ist nicht schlimm! Es gibt doch heutzutage so viel Sexspielzeug, da wird sich schon Ersatz finden. Der Lehrkörper sollte aber unbedingt klären, was genau in diesem Zusammenhang Gruppen- oder Einzelarbeit bedeuten könnte.

LIEBER ARM DRAN ALS SCHWANZ AB ...

Schwanzkompetenz

BRD

Vertiefung des Mengenbegriffs. Mengen mit einem Element. Leere Menge

In der Straße, in der Peter wohnt, gibt es sechs Hunde, den Schäferhund Bella, den Pudel Strolch, den Dackel Waldi, den Windhund Rex, die Bulldogge Axel und den Bernhardiner Cäsar.

Die Menge dieser sechs Hunde wollen wir mit H bezeichnen:

$$H = \{\text{Bella, Strolch, Waldi, Rex, Axel, Cäsar}\}$$

Ist der Schwanz des Dackels Waldi ein Element der Menge H?
Nur Hunde sind Elemente der Menge H, also ist der Schwanz des Dackels kein Element der Menge H.

Neunzig, Walter: Wir lernen Mathematik. 5. Schuljahr.
Freiburg i. B. 1971, S. 14.

Mengentheoretisch korrekt, könnte diese Aufgabe den Fünftklässlern ein völlig falsches Bild in puncto Tierschutz vermitteln. Bei den Kindern bleibt nämlich hängen: Der Hund ist genauso noch ein Hund, wenn ihm der Schwanz fehlt. In der Tat interessiert sich der Mathematiker nicht die Bohne für den Schwanz ...

KOPF, ÄH, HUT AB!

Köpfkompetenz

BRD

Gehört der Kopf von Dieter zur Menge
{Dieter, Peter, Karl}? Begründe. — Bilde
weitere Beispiele.

Winter, Heinrich/Ziegler, Theodor: Neue Mathematik. 5. Schuljahr.
Hannover 1969, S. 21.

Ein weiteres Beispiel wäre: »Gehören Gehirne zu den Köpfen der Schulbuchautoren?«

WAHRSCHEINLICH
WAHNSINNIG – STOCHASTIK

Durch die Verbannung der Mengenlehre aus der Grundschule und in der Folge das Vordringen der Stochastik in die Schulmathematik Ende der 1970er-Jahre kamen in der Bundesrepublik endlich wieder die Anwendungsorientierung und der Wirklichkeitsbezug zu Ehren. Dem Irrsinn und Wahnsinn der Matheaufgaben tat dies aber keinen Abbruch.

Vielleicht haben Sie Glück und Sie sind schon wahnsinnig. In jedem Falle werden Sie es nun aufgrund der Lektüre der im Folgenden präsentierten Aufgaben. Aber keine Bange: Tollheit und der moderne Mensch – das passt.

Nun lesen Sie schon weiter …

SONST NICHTS BESSERES ZU TUN?

Idiotenkompetenz

BRD

Versuch

In einem Buch wird ein Wort zufällig ausgewählt und seine Länge (Anzahl der Buchstaben) festgestellt.

a. Mit dem Buch »Emil und die Detektive« von Erich Kästner wurde der Versuch 200mal durchgeführt, indem eine Anfangsstelle zufällig gewählt wurde und die nächsten 200 Wörter verwendet wurden:

Wortlänge	2	3	4	5	6	7	8	9	10	11	12	13	16
Häufigkeit	28	65	35	25	16	9	11	5	2	1	1	1	1

Zeichne ein Stabdiagramm. Ist der Versuch ein Zufallsversuch? Ein Wort heißt kurz, wenn seine Länge höchstens 4 ist. Ein Wort heißt lang, wenn seine Länge mindestens 10 ist.

Bestimme aus der Häufigkeitstabelle die Häufigkeiten für kurze und für lange Wörter. Welche Ereignisse gehören hierzu?

b. Führe den Versuch mit einem Buch von Erich Kästner selbst 200mal durch und werte ihn aus.

Tischel, Gerhard: Spektrum der Mathematik. 6. Schuljahr. Frankfurt a. M./Berlin/München 1983, S. 5.

Alles klar! Warum nicht gleich 2000 Mal, wenn wir schon dabei sind? Gibt ein Mathelehrer diese Aufgabe auf, stehen am nächsten Tag mindestens sechs Elternteile auf der Matte, um sich zu beschweren. Und das ausnahmsweise sogar mal zu Recht!

GÖTZ VON BERLICHINGEN

Klassikerkompetenz

BUNDESREPUBLIK

Für Texte von Johann Wolfgang Goethe gilt, daß 50 % der Wörter einsilbig, 30 % zweisilbig und 20 % drei- und mehrsilbig sind. Karl schlägt ein Werk Goethes auf und tippt blind nacheinander auf 3 Wörter. Mit welcher Wahrscheinlichkeit erhält er für die Silbenzahl der ausgesuchten Wörter die Folge 123 (111, 222, 223)?

Schmid, August/Schweizer, Wilhelm: Lambacher-Schweizer 10.
Stuttgart 1991, S. 141.

Hier ist zwar einiges an den Haaren herbeigezogen, aber auf diesen Schwachsinn sind die SuS einer 10. Gymnasialklasse ja konditioniert. Und wenn sie dadurch ihre Vorliebe für einen unserer größten deutschen Dichter entdecken, umso besser. Hoffen wir nur, dass dem Lehrkörper ein besonders bekanntes Goethe-Zitat erspart bleibt: »Vor Ihro Kaiserliche Majestät hab ich, wie immer, schuldigen Respekt. Er aber, sag's ihm, er kann mich im Arsche lecken!«

LOREM IPSUM DOLOR SIT AMET ...

Tellerrandkompetenz

BRD

Ein Sprachforscher möchte wissen, wie viele Vokale in Cäsars Bericht über den gallischen Krieg (bellum gallicum) sind. Eine zufällig ausgewählte Seite wird ausgewertet: Unter 2143 Buchstaben befinden sich 955 Vokale. Das Buch hat 141 Seiten, die ungefähr gleich viele Buchstaben enthalten.

a. Schätze die Wahrscheinlichkeit, daß ein zufällig ausgewählter Buchstabe aus Cäsars bellum gallicum ein Vokal ist.

b. Wie viele Vokale enthält Cäsars bellum gallicum ungefähr?

c. Vergleiche diese Aufgabe mit der Aufgabe 16.

d. Wie groß ist die Wahrscheinlichkeit, daß ein zufällig ausgewählter Buchstabe aus deinem Englisch-Buch ein Vokal ist? Überlege dir einen geeigneten Zufallsversuch hierfür.

Tischel, Gerhard: Spektrum der Mathematik. 6. Schuljahr. Frankfurt a. M./Berlin/München 1983, S. 195.

Nun wissen Sie endlich, was Sprachforscher den ganzen Tag so treiben. Man muss eben häufiger über den Tellerrand der Fachwissenschaft blicken. Und schon erkennt man, dass eigentlich überall Mathematik betrieben wird. Es sei noch angemerkt, dass *bellum gallicum* nicht mit »gallischer Hund« zu übersetzen ist.

FÄCHERÜBERGREIFENDES ARBEITEN

Synthesekompetenz

<u>BRD</u>

Berechne die relative Häufigkeit der
Substantive unter den Wörtern der folgenden Gedichte:

»An den Mond« von J.W. v. Goethe;
»Der Herbst des Einsamen« von G. Trakl.

*Barth, Friedrich/Bergold, Helmut/Haller, Rudolf: Stochastik.
Grundkurs. München 1984, S. 37.*

Eine wunderbare Aufgabe, um den SuS zu zeigen, wie sie ihr mathematisches Wissen auch in anderen Fachgebieten gewinnbringend einsetzen können. Deutschfrage: Ab wie vielen Substantiven und Substantivierungen ist von einem Nominalstil zu sprechen? Na? Aha, wissen Sie auch nicht …

KANN DAS KEIN ROBOTER MACHEN?

Tippkompetenz

BUNDESREPUBLIK

Tippe bei geschlossenen Augen mit der Spitze eines Bleistifts auf einen Zeitungstext und notiere den Buchstaben, den du dabei zufällig triffst. Wiederhole das Zufallsexperiment 500mal. Ermittle danach eine Wahrscheinlichkeitsverteilung für die Ergebnismenge S = {a; e; i; o; u; Konsonant}. Wie oft etwa ist danach in einem deutschen Zeitungstext mit 7000 Buchstaben jeder der fünf Vokale (ein Konsonant) zu erwarten? Kann man die gefundene Wahrscheinlichkeitsverteilung auch z. B. bei einem englischen Zeitungstext verwenden?

Schmid, August/Schweizer, Wilhelm: Lambacher-Schweizer 10. Stuttgart 1991, S. 137.

In unserem vollautomatisierten Zeitalter sind derartige Fragestellungen schockierend. Gab es früher wirklich Schüler, die solche Aufgaben tatsächlich ausgeführt haben? Der erfahrene Lehrkörper weiß diese Aufgabe heutzutage als Intelligenztest für seine Schützlinge zu nutzen (verdeckte Notenfindung!): Wer mehr als dreimal tippt, erhält in Mathe ein »ungenügend«.

OANS, ZWOA, GSUFFA!

Sauf-Schieß-Kompetenz

BRD

Florian geht aufs Oktoberfest. Er möchte sich dort am Schießstand eine Rose erschießen. Nüchtern hat er eine Treffsicherheit von 80 %. Nach jeder Maß Bier sinkt seine Treffsicherheit um die Hälfte.

a) Mit welcher Wahrscheinlichkeit wird er mindestens einmal treffen,

1. wenn er dreimal schießt, und zwar einmal nüchtern, einmal nach der 1. und einmal nach der 2. Maß,

2. wenn er sechsmal schießt, und zwar einmal nüchtern, zweimal nach der 1. Maß und dreimal nach der 2. Maß?

b) Wie oft muß er mindestens schießen, um mit mindestens 99 % Sicherheit mindestens einmal zu treffen,

1. wenn er noch nüchtern ist,

2. wenn er eine Maß getrunken hat,

3. wenn er zwei Maß getrunken hat?

Barth, Friedrich/Bergold, Helmut/Haller, Rudolf: Stochastik. Grundkurs. München 1984, S. 59.

Schon beim Lesen der Einleitung schießen einem Tausende Fragen durch den Kopf. Was ist da los mit Florian? Was ist der Grund für seine Schießleidenschaft und warum erschießt er Rosen? Romantische Assoziationen: eine neue Liebschaft oder doch nur seine alte? Ist Florian ein passionierter Hasser von Plastikrosen? Oder hat er eine ausgeprägte Plastikrosen-Obsession? Kommen daher vielleicht seine Alkoholprobleme? Mit dem Konsum von alkoholischen Kaltgetränken glaubt er, seinen uneingestandenen Aggressionen begegnen zu können. Da braucht es keinen Psychoanalytiker, um festzustellen, dass hier so einiges im Argen liegt. Egal! O'zapft is!

ZU TIEF IN DIE AUGEN GESCHAUT ...

Schwangerschaftskompetenz

BRD

Jemand behauptet von sich, bei schwangeren Frauen durch Augendiagnose in mindestens 60 % aller Fälle das Geschlecht des Kindes vorhersagen zu können. Bei den darauffolgenden 20 Diagnosen trifft die Vorhersage in 9 Fällen zu. Wird durch dieses Versuchsergebnis die Behauptung mit einer Irrtumswahrscheinlichkeit von 5 % widerlegt?

Schmid, August/Schweizer, Wilhelm: Lambacher-Schweizer.
Stochastik. Grundkurs. Stuttgart 1990, S. 121.

Eigentlich sollte man ja davon ausgehen, dass das unmöglich ist (also 0 Treffer). Aber die anonyme Person, von der hier die Rede ist, schafft es in 45 Prozent der Fälle. Das ist fast unglaublich. Es gibt eben doch übersinnliche Begabungen, die rational nicht zu erklären sind. Oder wie sehen Sie die Sache?

ALBTRAUM AUF WOLKE 7

Vertrauenskompetenz

BRD

Ein Flugzeug hat an jeder Fläche zwei Motoren. Die Wahrscheinlichkeit, daß ein Motor
beim Flug über den Atlantik versagt, sei q
= 0,1 (0,05,0,01).
Wie groß ist die Wahrscheinlichkeit, daß es
über dem Ozean abstürzt, wenn es

a) sich mit irgend 2 Motoren behelfen kann,
b) an jedem Flügel mindestens ein Motor in-
   takt sein muß?

*Schweizer, Wilhelm/Arzt, Kurt: Lambacher-Schweizer. Analysis. Ma-
thematisches Unterrichtswerk. Ausgabe B. Stuttgart 1972, S. 280.*

Ein Flugzeug hat 3 Triebwerke; fällt eines
aus, dann ist es durchaus flugfähig; fallen
aber 2 oder gar 3 Triebwerke aus, so ist der
Absturz unvermeidlich. Bei schlechter Wartung hat ein Triebwerk die Zuverlässigkeit
97 %, d. h. mit der Wahrscheinlichkeit von
3 % fällt es aus.

Wie viele von 10 000 Flügen mit ungenügender
Wartung sind vom Absturz bedroht?
Wie ändert sich diese Zahl, wenn man von

1 Million Flüge ausgeht und annimmt, daß nur
jeder 1000ste Flug mit einer ungenügend ge-
warteten Maschine erfolgt?

Schmid, August/Schweizer, Wilhelm: Lambacher-Schweizer 10.
Stuttgart 1991, S. 161.

Wer. Stellt. Solche. Kranken. Fragen? Wie sollen die Schüler jemals nach ihrem Abi mit einem guten Gefühl in den Flieger nach
Thailand oder Neuseeland steigen? Vielleicht macht es dagegen
Sinn, die Aufgabe vor dem Hintergrund der militärischen Luft-
fahrt zu behandeln. Denn hier könnten sich Pilot und gegebe-
nenfalls Waffensystemoffizier mit dem Schleudersitz retten. Ein
solches Bild würde bei den Schülerinnen und Schülern der 10.
Klasse ein angstfreies Lernen ermöglichen.

KÖPFCHEN!

Schrumpfkopfkompetenz

NATIONALSOZIALISMUS

Die Messung der Schädellänge und -breite von 2037 Schweden hatte nach Linders folgendes Ergebnis:

Schädellänge in mm	167 bis 171	172 bis 176	177 bis 181	182 bis 186	187 bis 191	192 bis 196	197 bis 201	202 bis 206	207 bis 211	212 bis 216	217 bis 221
Anzahl	1	2	24	152	408	602	515	247	72	13	1

Zoll, Otto: Mathematisches Arbeits- und Lehrbuch für höhere Lehranstalten. Oberstufe. Geometrie und Algebra (6., 7. und 8. Klasse). Ausgabe A für Jungenschulen. Braunschweig 1940, S. 90.

Eine sehr interessante Tabelle aus dem germanischen Norden, belegt sie doch, dass die Schweden normalverteilt sind. Für die Schülerinnen und Schüler könnte die Statistik Anlass sein, mal wieder den Schädel der Nachbarin beziehungsweise des Nachbarn gewissenhaft zu vermessen. Doch was tun, wenn sie auf Unregelmäßigkeiten stoßen? Sofort … melden?

GAME OF MATHS – BESONDERS AUFREGENDE AUFGABEN

Die Lernpsychologie weiß, dass sich ein Thema besser in das Gedächtnis einprägt, wenn es in einem emotional erregenden Kontext kennengelernt wird. »Emotional erregend«? Na ja, wenn es um Sex, Angst, Ekel oder Freude geht. Kennen wir doch alle aus einschlägigen Serien wie *Game of Thrones*. Was liegt da näher, als die bisweilen trockene Mathematik durch einen entsprechenden Plot etwas aufzupeppen. Neben Sex eignen sich nach Ansicht der Mathebuch-Autoren zum leichteren Lernen vor allem die Themen Grausamkeit und Unfälle. Solche Sujets sind offensichtlich nicht nur in HBO-Serien, sondern auch in der Schule sehr gefragt.

Ob angedrohte Hinrichtungen, Trunkenheit im Straßenverkehr, schlichte Anmache, seien Sie doch mal ehrlich: Sie wollen es doch auch …

ENE, MENE, MUH – UND RAUS BIST DU!

Willkürkompetenz

BRD

In einem Märchen wird von einem grausamen Herrscher erzählt, der viele seiner Untertanen in einem Gefängnis festhielt. Es gab darin nur Einzelzellen, und zu jeder Zelle gehörte ein eigener Wärter. Einmal im Jahr wurde eine »Entlassungsaktion« veranstaltet, die so ablief: Der 1. Wärter mußte an allen Zellen vorbeigehen und die Riegel verstellen, also öffnen. Die Gefangenen durften aber noch nicht hinausgehen. Erst mußte noch der 2. Wärter an jeder 2. Zelle, mit der eigenen beginnend, die Riegel verstellen, d. h. wieder schließen. Dann kam der 3. Wärter an die Reihe. Er mußte an jeder dritten Zelle, mit der eigenen beginnend, die Riegel verstellen, d. h. die offenen schließen und die geschlossenen öffnen, usw. Wenn alle Wärter vorbeigegangen waren, durften die Gefangenen probieren, ob ihre Zellentür offen ist. Wenn ja, waren sie frei. Die anderen Gefangenen durften sich neue Zellen aussuchen. Welche Zellennummern sind günstig?

Tischel, Gerhard: Spektrum der Mathematik. 6. Schuljahr. Frankfurt a. M./Berlin/München 1983, S. 35.

Eine ebenso realistische wie lehrreiche Geschichte über Willkür und Wahnsinn in der Welt. Du musst die Dinge nicht richtig oder gut oder besser als die anderen machen. Du musst einfach zur rechten Zeit am rechten Ort sein. Keine schlechte Lehre für aufgeweckte Sechstklässler.

RUSSISCH ROULETTE 2.0

Zockerkompetenz

BRD

Ein Herrscher ist mit seinem Astrologen unzufrieden. Bevor er ihn hinrichten läßt, gibt er ihm eine letzte Chance: Der Astrologe darf 3 schwarze und 3 weiße Kugeln auf zwei gleiche Urnen nach Belieben verteilen. Dann muß er aus einer zufällig gewählten Urne eine Kugel ziehen. Eine weiße Kugel gibt ihm die Freiheit, eine schwarze kostet ihn das Leben. Wie sollte der Astrologe die Kugeln auf die beiden Urnen verteilen, um möglichst in Freiheit zu gelangen?

Tischel, Gerhard: Spektrum der Mathematik. 6. Schuljahr.
Frankfurt a. M./Berlin/München 1983, S. 203.

Eine schöne Antwort auf die beliebte Schülerfrage: »Und wozu braucht man das?« Selbst für Astrologen ist eine stochastische Grundausbildung unerlässlich, wie man sieht.

SCHNAPS, DAS WAR SEIN LETZTES WORT ...

Straßenverkehrskompetenz

BRD

Angenommen, man würde beim Überqueren einer gewissen Straßenkreuzung mit 0,5 Promille Wahrscheinlichkeit überfahren. Mit welcher Wahrscheinlichkeit bleibt man 1 Jahr unverletzt, wenn man die Kreuzung täglich 2mal überquert?
Wie lauten die Ereignisse der Bernoulli-Kette bei dieser Aufgabe? Welche Werte haben n und p?

Barth, Friedrich/Bergold, Helmut/Haller, Rudolf: Stochastik.
Grundkurs. München 1984, S. 135.

Bei dieser Aufgabe heißt es für den Lehrkörper: Finger weg vom Kampftrinker der Klasse. Dieser würde sicher die aus seiner Sicht durchaus gerechtfertigte Frage stellen, wie jemand bereits bei 0,5 Promille so blöd sein kann, sich überfahren zu lassen. Für ihn wäre gänzlich unverständlich, dass Menschen mit geringer Trinkkompetenz bisweilen schon beim Genuss von fünf Jever Fun (Placebo-Effekt!) völlig orientierungslos beziehungsweise pinkelnd auf einer Kreuzung stehen können.

BIG BROTHER

Beziehungskompetenz

BRD

Der Schüler K und die Schülerin M sind öfters montags krank, und zwar K mit der Wahrscheinlichkeit ⅓ und M mit der Wahrscheinlichkeit ½. Es kommt nur mit der Wahrscheinlichkeit ⅖ vor, daß sie am Montag beide im Unterricht anwesend sind. Man prüfe durch Rechnung, ob die montägliche Erkrankung von K und M unabhängige Ereignisse sind.

Barth, Friedrich/Bergold, Helmut/Haller, Rudolf: Stochastik.
Grundkurs. München 1984, S. 129.

Dass Kermit und Miltraud ziemlich sicher *miteinander* ausschlafen, das ist auch dem naivsten Schüler klar. Viel wichtiger: die Ansage der Schulbuchautoren, die in dieser Aufgabenstellung zum Ausdruck kommt: Denkt ihr wirklich, uns fällt das nicht auf? Big School is watching you!

ZU KURZ FÜR MEINE DOSE?

Anmachkompetenz

BUNDESREPUBLIK

Sofia möchte mit einem 14 cm langen Strohhalm aus einer Limonaden-Dose trinken. Diese hat einen Durchmesser von 6 cm und ist 11 cm hoch. Sie befürchtet, dass der Strohhalm in der Dose versinken könnte.

Ihr Freund Robin meint: »Das glaube ich nicht. Ich schätze, dass mindestens 2 cm des Strohhalms aus der Dose herausgucken.«

Kontrolliere, wer von beiden Recht hat. Gib dazu auch an, von welchen Annahmen du bei deinen Überlegungen ausgegangen bist.

Griesel, Heinz/Postel, Helmut/Suhr, Friedrich (Hg.): Elemente der Mathematik. Gymnasium Hessen. 8. Schuljahr. Brauschweig 2008, S. 212.

Hihi, haha. Mein Strohhalm in deiner Dose. Die Schüler werden hier natürlich keinesfalls auf sexuelle Anspielungen verzichten können. Vor allem die an der Mathematik Desinteressierten werden jetzt in Fahrt kommen. Hier bleibt der Lehrkraft nichts anderes übrig, als verbal dazwischenzugehen. »Boah, was seid ihr nur milieugeschädigt!« Ein rechtlicher Hinweis: Wenn Sie nach einer Kunstpause ein »Tschuldigung« ventilieren, sind Sie rechtlich aus dem Schneider.

DIE SCHNELLE NUMMER

Nummernkompetenz

Ein Herr wollte von einer Dame das Alter und die geheim gehaltene Telephonnummer erfahren, die Dame aber wollte beides nicht verraten. »Nun gut«, sagte der Herr, »dann gestatten Sie mir, daß ich es errate.« Die Dame war damit einverstanden, und der Herr gab ihr Papier und Bleistift und bat sie um folgende Berechnung: »Wollen Sie Ihre Telephonnummer heimlich auf den Zettel schreiben und mit 2 multiplizieren; nun 5 zuzählen, das Ergebnis mit 50 multiplizieren und 365 und Ihr Alter zuzählen. Wollen Sie schließlich noch 615 abziehen und mir die Zahl nennen, die übrig bleibt.« »Gern«, sagte die Dame und nannte 422739. »Dann sind Sie 39 Jahre alt«, rief der Herr, »und Ihre Telephonnummer ist 4227.« »Das stimmt«, sagte verlegen die Dame und wußte nicht, wie sie sich das Rätsel erklären sollte. Kannst du es lösen ?
Bilde selbst derartige Rätsel.

Reinhardt-Zeisberg. Mittelstufe. Band 5: Arithmetik und Algebra. Neue Fassung, Frankfurt a.M./Berlin/Bonn, 1956, S. 112.

Ein gepflegter Herrenwitz aus den 50er-Jahren, der der Schülerschaft auch kurz in folgender zeitgemäßer Form vorgetragen werden kann:

Er: Was isch dei Nummer?

Sie: Wie Numer?

Er: Von die Handy!

Sie: Warum brauchst du?

Er: Was geht disch das an?!

Dieser Dialog ist zwar nicht vollumfänglich identisch mit der Aufgabe, er wird von den heutigen Schülerinnen und Schülern aber im Gegensatz zu jener verstanden.

SCHWER, SCHWERER ... MATHE – DIE GANZ ÜBLEN AUFGABEN

Sie haben schon als Schüler die Auffassung vertreten, dass Mathe übelst schwer ist?

Nun, Sie haben ja so recht.

Am besten überblättern Sie gleich die folgenden Seiten, denn hier werden Sie sowieso kein Bein auf den Boden bekommen. Die im Folgenden präsentierten Aufgaben sind ebenso komplex wie bekloppt. Bestenfalls das Genie des »Führers« oder des Generalsekretärs des ZK der SED und Vorsitzenden des Staatsrates der DDR wären hinreichend, um die folgenden Textaufgaben zu lösen.

ALLZEIT BEREIT!

Verteidigungskompetenz

WEIMARER REPUBLIK/NATIONALSOZIALISMUS

A, B, C und D sollen gemeinschaftlich einen Graben ziehen. A würde dazu allein 15, B 20, C 24, D 30 Tage gebrauchen. Bevor sie jedoch zusammen an die Arbeit gehen, haben A und B schon 1 Tag gearbeitet; C setzt später 4 Tage, D 3 Tage aus. In wieviel Tagen wird der Graben fertig sein?

Bardey, Ernst/Jakobi, Siegfried/Schlie, Arnold: Arithmetik.
Leipzig/Berlin 1936, S. 175.

Wann der Graben fertig sein *wird*, ist nur schwierig zu berechnen. Aber viel wichtiger ist doch die Frage, wann er fertig sein *muss*. Das wäre in spätestens neun Jahren der Fall, da dann »der Russe« vor der Tür steht und die Panzergräben aus der Sicht des NS-Regimes dringend erforderlich sind …

111

WEISST DU, WIE VIEL STERNLEIN STEHEN ...

Beeindruckkompetenz

NATIONALSOZIALISMUS

Bemerkung: Während der Fahrt eines Schiffes muß sein Ort auf der Landkarte ständig verfolgt werden. Zur rohen Ortsbestimmung dient das sogenannte »gegißte (geschätzte) Besteck«, wobei der Schiffsort aus Kurs und zurückgelegter Wegstrecke für die einzelnen Fahrtabschnitte angenähert ermittelt wird. Der so erhaltene Schiffsort wird regelmäßig durch Gestirnbeobachtungen nachgeprüft.

Der Kreuzer »Karlsruhe« befand sich am 23. Juni 1937 laut Log-rechnung auf $l_g = -9°\ 30' | b_g = 41°\ 46'$ (gegißtes Besteck). Zur genaueren Feststellung des Schiffsortes wurden um $8^b\ 42^m$ MGZ die Höhen der Sonne und der Venus gemessen und die übrigen Angaben dem Nautischen Jahrbuch entnommen.

Sonne (Gestirn G_1): gerade Aufsteigung der mittleren Sonne $g_1 = 6\ h\ 12\ m\ 11\ s$, Zeitgleichung $z = 2m\ 20\ s$, Abweichung der wahren Sonne $d_1 = 23°\ 24,3'$, $h_1 = 37°\ 36'$. Venus (Gestirn G_2): $g_2 = 3\ h\ 4\ m\ 24\ s$, $d_2 = 14°\ 8'$, $h_2 = 60°\ 27'$.

Anleitung: Die Ebene des Erdäquators und des Nullmeridians der Erde schneiden die Himmelskugel nach dem Himmelsäquator und nach dem »Nullmeridian« der Himmelskugel, von dem aus die Stundenwinkel für alle Orte mit der geographischen Länge $l = 0°$ gezählt werden. Welche Punkte der Himmelskugel gehen durch diese zentrische Ähnlichkeit aus dem Nordpol (Südpol) der Erde hervor? Zeige, daß der Beobachtungsort auf der Erde durch diese Streckung in den Zenit und daß die Längen- und Breitenkreise der Erde dabei in die Stunden-, bzw. Deklinationskreise der Himmelskugel übergeführt werden. Wie hängen demnach die Äquatorkoordinaten des Zenites mit den geographischen Koordinaten des Beobachtungsortes zusammen? Bezeichnet man mit t_1 den Stundenwinkel der wahren Sonne und mit t_2 den Stundenwinkel der Venus für einen Ort des Nullmeridians, so kann man den Stundenwinkel des Frühlingspunktes auf zweifache Weise ausdrücken: $t_1 + 3 + g_1 = t_2 + g_2$. Berechne daraus $t_1 - t_2$. Verwende zur Berechnung der Reihe nach die Kugeldreiecke $P_n \, G_1 \, G_2$ $Z \, G_1 \, G_2$ und etwa $P_n \, Z \, G_1$. Wie hängt die Seite $P_n \, Z$ und wie der Winkel $\sphericalangle G_1 \, P_n \, Z$ des zuletzt erwähnten Kugeldreiecks mit den geographischen Koordinaten des Beobachtungsortes zusammen?

Ludwig, Emil: Mathematisches Unterrichtswerk für höhere Schulen, Band 3 A (für Jungenschulen): Arithmetik und Geometrie für die 6. bis 8. Klasse. Wien 1941, S. 303.

Eine betörende Aufgabe aus dem Tausendjährigen Reich (1933–45), die wohl nur das mathematische Genie des »Führers« zu lösen vermochte. Meine bescheidene Vermutung: Solche Schulbücher wurden gezielt ins Ausland »geleaked«, um dem Feind Furcht vor den außergewöhnlichen mathematischen Fähigkeiten der Pimpfe einzuflößen. Triumpf des Wissens quasi statt des Willens. Im Reich selbst kamen diese Bücher natürlich nicht zum Einsatz.

HAB MEIN WAGE VOLLGELADE ...

DDR-Technik-Kompetenz

DDR

Eine Familie fährt in einem PKW vom Typ Trabant. Das Produkt aus der Anzahl der Räder am Auto, dem Alter des Fahrers und der Anzahl der Personen im Auto beträgt 444. Wie alt ist der Fahrer und wieviel Personen sitzen im Auto?

Autorenkollektiv: Mathematik. Lehrbuch für Klasse 10.
Berlin (Ost) 1989, S. 145.

Eine mathematische Aufgabe, mit der sich praktischerweise sämtliche Unterrichtsfächer einer Tagesschule abdecken lassen: Biologie, Ethik, Physik, Deutsch, Religion ... Dabei verdienen die Sonderfälle am meisten Beachtung:

4 Räder: Der Fahrer ist 111 Jahre alt und er sitzt allein im deutschen demokratischen Auto.

3 Räder: Sollte aber ein Rad abgefallen sein, so betrüge das Alter des Fahrers bereits erhebliche 148 Jahre. Ein Alter, das in der kapitalistischen BRD aufgrund der schlechten Ernährungslage schier unerreichbar war, aber von den Eingeborenen in einigen kaukasischen Provinzen der großen Sowjetunion spielend erreicht wurde.

2 Räder: Das Fahren eines Trabis mit zwei Rädern ist problemlos möglich, zum Beispiel wenn das Rad vorne links und hin-

ten rechts noch vorhanden ist. Allerdings muss der Fahrer im Austarieren seines Gefährts geübt sein. Das nötige Alter von 222 Jahren scheint ebenfalls kein unüberwindbares Problem darzustellen, wenn wir *Social Freezing* in die Rechnung miteinbeziehen. Gibt's da noch nicht? Ich bitte Sie, kennen Sie nicht Captain America? Was der imperialistische Westen kann, kann die Arbeiter- und Bauernmacht schon lange!

1 Rad: Der Fahrer ist 37 und es sitzen insgesamt 12 Personen im Trabi. Hier muss allerdings davon ausgegangen werden, dass Achsschäden auftreten.

0 Räder: Jetzt kommen so langsam auch die Mathematiker an ihre Grenzen. Das Fahren wäre kein Problem, schließlich kann sich der Trabi ja abschleppen lassen. Aber selbst ein Methusalem (969 Jahre, vergleiche Genesis 5,27) am Steuer kann jetzt nicht mehr zur Lösung der Aufgabe beitragen …

DIE WUNDERBARE GELDVERMEHRUNG

Raubmordkompetenz

BUNDESREPUBLIK

Herr Pflug verlässt mit rund 400 € das Haus. Er kauft für rund 200 € eine Hose und für rund 300 € eine Jacke. Wie ist das möglich? Schreibe zwei Beispiele dazu auf.

Schmid, August/Weidig, Ingo: Lambacher-Schweizer 5. Mathematisches Unterrichtswerk für das Gymnasium. Ausgabe Hessen. Stuttgart 2001.

Hier dürfen die Kinder ruhig mal kreativ sein. Je prekärer das Umfeld, aus dem die SuS kommen, desto innovativer ... Herr Pflug könnte zumindest theoretisch zwischenzeitlich einen Raubmord begangen haben. Auch könnte es sich um einen professionellen Bettler handeln, der innerhalb einer halben Stunde 200 Euro eingenommen hat. Die Hälfte der Einnahmen könnte Pflug branchenüblich in Alkohol umgesetzt haben, um dann sturzbetrunken eine Jacke zu kaufen, die ihm dann im Obdachlosenheim sowieso nur wieder geklaut wird. Ein echter Teufelskreis. Hätte er doch besser das ganze Geld versoffen ...

FRÜH ÜBT SICH – »GRUNDWISSEN« FÜR GRUNDSCHÜLER

Friedrich Schiller brachte es in seinem Drama *Wilhelm Tell* auf den Punkt: »Früh übt sich, was ein Meister werden will.« Auch ein altes deutsches Sprichwort weiß: »Was Hänschen nicht lernt, lernt Hans nimmermehr.«

Vor allem die beiden Regime auf deutschem Boden in der Zeit von 1933 bis 1990 haben diese Erkenntnis verinnerlicht. Da war es nur konsequent, dass man im NS- und im DDR-Schulsystem bereits in der Volksschule beziehungsweise in den ersten Klassen der Polytechnischen Oberschule (so hieß die zehnjährige Gemeinschaftsschule in der DDR – ja, in der DDR war nichts Mittelmaß!) mit der militärischen Bildung begann. Die Grundschulen der alten Bundesrepublik (1949–90) waren diesbezüglich eindeutig nicht konkurrenzfähig, sie hatten den Bildungsstätten der Deutschen Demokratischen Republik militärisch leider rein gar nichts entgegenzusetzen …

ACHTUNG, STILLGESTANDEN!

Ordnungskompetenz

NATIONALSOZIALISMUS

Wieviel ist 1 Million?
In der Stadt Hamburg wohnen über eine Million Menschen. Wir denken sie uns in Dreierreihen angetreten. Das gibt einen Zug von nahezu 400 km Länge. Die Entfernung Hamburg - Cuxhaven beträgt rund 120 km.

Nationalsozialistischer Lehrerbund Gau Hamburg: Hamburger Rechenbuch für Volksschulen. 4. Schuljahr. Hamburg o. J. [ca. 1938], S. 3.

Herrlich! Endlich mal wieder eine Aufgabe, die sich ganz hervorragend praktisch umsetzen lässt. In der 4. Klasse treten die Kleinen noch gerne in Dreierreihen an. Schärfen Sie aber den ABC-Schützen ein, dass diese zu Hause nichts von dem Aufmarsch erzählen sollen. Das führt nur zu Irritationen aufseiten der Eltern sowie unliebsamen Gesprächen mit der Schulleitung. Links, zwo, drei, vier …

DAS WHO'S WHO DER DEUTSCHEN NATION

Bildungskompetenz

NATIONALSOZIALISMUS

	Fr. d. Gr.	Bismarck	Hindenburg	Schiller	Horst Wessel
geb.:	20.1.1712	1.4.1815	2.10.1847	10.11.1759	9.10.1907
gest.:	17.8.1786	30.7.1898	2.8.1934	9.5.1805	23.2.1930

Fritz ist heute 10 J. 3 Mon. 11 Tg. alt, Karl erst 9 J. 8 Mon. 20 Tg.

Der Weg zum Rechenmeister. Neues Rechenbuch für die deutsche Volksschule. Ausgabe B für Landschulen in 4 Heften. 2. Heft. Drittes und viertes Schuljahr. Halle 1938, S. 71.

Wie herrlich sind doch diese Aufgaben, bei denen der versierte Lehrkörper seinem allgemeinen Bildungsauftrag nachkommen und die Schüler über den Tätigkeitsschwerpunkt der genannten Personen aufklären kann. Zum Beispiel Friedrich der Große: nicht nur preußischer König, sondern auch passionierter Querflötenspieler und in jungen Jahren Fahnenflüchtiger. Oder Schiller: schwäbischer Kulturschaffender, Dichter der Freiheit und ebenfalls: Deserteur. Echte Vorbilder also für jeden Hitlerjungen.

MEIN HAUS, MEIN PANZER, MEINE GARAGE

Panzerkompetenz

DDR

Zeige die 3., 5., 8. Einfahrt von links!
Zeige die 1., 9., 12. Einfahrt von rechts!
Der wievielte Platz von rechts ist frei?
Der wievielte Platz von links ist frei?

Butzke, Herbert/Schieber, Joachim/Wolf, Artur: Mathematik. Lehrbuch für Klasse 2. Berlin (Ost) 1980, S. 7.

Offensichtlich fahren alle Hausbewohner denselben Panzer. Sozialismus eben.

KEIN X FÜR EIN U VORMACHEN

Altrömische Kompetenz

DDR

Lies die folgenden Bezeichnungen!
X. Parteitag der SED
VIII. Pädagogischer Kongreß der DDR
XXXII. Jahrestag der DDR
Spiele der XXII. Olympiade in Moskau
XXVI. Parteitag der Kommunistischen Partei der Sowjetunion

*Autorenkollektiv: Mathematik. Lehrbuch für Klasse 4.
Berlin (Ost) 1982, S. 38.*

Man lasse die SuS auch die nachfolgenden Bezeichnungen vorlesen:

CXL Mauertote

XCVIII,IX % für die Einheitsliste bei den Kommunalwahlen 1989

CLXXII Mrd. Euro Staatsschulden der DDR im Jahre 1989

DXII Rothirsche wurden von Genossen E. Honecker in der Schorfheide zur Strecke gebracht.

IMMER WACHSAM!

Urlaubskompetenz

DDR

Herbert ist bei der Nationalen Volksarmee.
Er hat 3 Wochen Urlaub.

Wieviel Tage sind das?

Autorenkollektiv: Mathematik. Lehrbuch für Klasse 2.
Berlin (Ost) 1980, S. 92.

Was für eine Frage! Entscheidend ist doch, dass Herbert durch seinen Dienst an der Waffe mithilft, dass immer Frieden bleibt. Sein Dienst ist zwar schwer und entbehrungsreich, aber er versieht ihn gern, damit alle Schülerinnen und Schüler in der Deutschen Demokratischen Republik in Ruhe lernen und spielen können. Kein Feind soll es wagen, die Deutsche Demokratische Republik anzugreifen – auch nicht während Herberts Urlaub!

VOLL DIE NULL

Vollhorstkompetenz

BRD

Beispiel:
Dem kleinen Gerd und seinem Bruder Horst ist das Planschbecken nicht voll genug. Während Horst nur dasitzt und traurig in das Becken schaut, will Gerd Wasser holen. Sein Eimerchen hat aber keinen Boden mehr. Wieso sind Gerds Handlungen neutral?

Neue Mathematik. 5. Schuljahr, hrsg. v. Heinrich Winter/Theodor Ziegler, Hannover, 1969, S. 81.

Der kleine Gerd zeigt hier ein Verhalten, das zu der Vermutung Anlass gibt, er könne sich zu einem Vollhorst auswachsen … Mathematisch gesehen könnte er später einmal das »neutrale Element der Addition« werden – nämlich eine Null.

WER NICHT FRAGT, BLEIBT DUMM – NICHT-AUFGABEN

Aufgaben ohne Fragestellung erscheinen irgendwie nicht ganz normal. Aber wer glaubt, diese irren Aufgaben wären lediglich in den Schulbüchern durchgeknallter Regimes zu finden, der irrt. Sie gelten selbst heute noch als der letzte Schrei.

Die Schüler sollen sich nach dem Willen der Schulbuchmacher selbst Arbeit beschaffen und sich gegenseitig piesacken. Die Autoren – allesamt Mathematiker – verfolgen mit diesen Nicht-Aufgaben offensichtlich die perfide Strategie, in der Schülerschaft Unmut, Verdruss und Aggressionen zu erzeugen …

Die späte Rache von aus dem Schuldienst ausgeschiedenen frustrierten Lehrkörpern? Was meinen Sie?

SCHULAUSFLUG!

Kinokompetenz

NATIONALSOZIALISMUS

Die beiden ersten und die beiden zweiten Klassen mit 40, 38, 42 und 37 Schülern besuchen den Film vom Reichsparteitag.

Nationalsozialistischer Lehrerbund Gau Hamburg: Hamburger Rechenbuch für Volksschulen. 4. Schuljahr. Hamburg o. J. [ca. 1938], S. 6.

12 SuS schlafen bereits vor Beginn des Films bei der NS-Werbung für die HJ und den Bund Deutscher Mädel ein, die Hälfte der wachen Schüler schwatzt und hört nicht zu, ein Viertel der nicht schlafenden Schüler stammt aus kommunistisch angehauchtem Elternhaus und ist immun gegen die Botschaft, die ihm an diesem außerschulischen Lernort eingetrichtert werden soll. Berechne: Für wen hat sich der Besuch wirklich gelohnt?

HEY, WICKIE, HEY

Germanenkompetenz

NATIONALSOZIALISMUS

48. Abschnitt: Schiffahrt bei den Germanen.

Im 46. Abschnitt wurde gesagt, die Germanen seien in der praktischen Anwendung der himmelskundlichen Kenntnisse den Völkern des Mittelmeeres voraus gewesen. Diese Behauptung ist noch zu beweisen. Die Seefahrt des Mittelmeeres war zum größten Teil eine Fahrt in Landnähe. Anders war es bei den nordischen Völkern, deren Leistungen darum um so erstaunlicher sind: 861 wurde Island durch den Schweden Eardar Swafrsson erreicht, 870 das Nordkap und Nordrußland durch Ottar, 985 Grönland durch den Norweger Erik, 1000 Amerika (Florida) durch Leif, Eriks Sohn. Solche Seefahrten er-

Köhler, Otto/Graf, Ulrich: Ehlermanns Mathematisches Unterrichtswerk für höhere Schulen. Ausgabe für Mädchenschulen. Bd. III: 6. bis 8. Klasse. Dresden 1941, S. 182.

Die Mittelmeervölker (Welsche!) besaßen eben einfach keinen Schneid und fuhren deshalb mit ihren Einbäumen feige an den Küsten entlang. Die Germanen hingegen haben sogar Florida entdeckt. Dort war es ihnen aber zu heiß, was bekanntlich Bummelantentum begünstigt. Deshalb haben sie dann dem Italiener Kolumbus diese Pseudo-Entdeckung überlassen. Oder so …

DAS MACHT UNGEFÄHR, SO PI MAL DAUMEN, GROB GESCHÄTZT ...

Schätzkompetenz

DDR

Schätzen und Messen

Häufig müssen Längen von Gegenständen oder Entfernungen zwischen zwei Orten wenigstens ungefähr bestimmt werden, ohne dass Längenmeßgeräte benutzt werden.

Solche Längenangaben werden durch **Schätzen** gewonnen.

Autorenkollektiv: Mathematik. Lehrbuch für Klasse 4. Berlin (Ost) 1982, S. 51.

Schätzen von »Längen von Gegenständen«! Nun gut ... im Jahre 1982 scheint das im real existierenden Sozialismus noch ganz normaler Alltag gewesen zu sein.

DAS BILD HÄNGT SCHIEF

Geradenkompetenz

BUNDESREPUBLIK

Marc hat den Graphen der Funktion zu y = 2x mit dem GTR gezeichnet. Er behauptet: »Der Graph ist keine Gerade. Auch liegt offensichtlich keine Funktion vor.« Nimm Stellung dazu: Wie kommt er zu dieser Behauptung?
Was hältst du von dieser Behauptung?

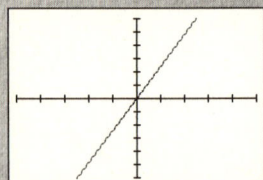

*Elemente der Mathematik. Gymnasium Hessen. 8. Schuljahr,
Brauschweig 2008, S. 104.*

Marc hat recht. Das sieht doch jeder Gymnasiast der 8. Klasse, dass der Strich schief verläuft, also nicht gerade ist.

HELFERSYNDROM

Diagnosekompetenz

BUNDESREPUBLIK

Kevin hat mit dem GTR den Graphen zu y = 2x – 2 gezeichnet. Nachdenklich sagt er: »Das ist doch gar kein Funktionsgraph. Irgendetwas muss falsch sein.« Kannst du helfen?

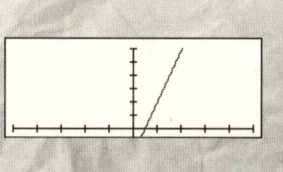

Elemente der Mathematik. Gymnasium Hessen. 8. Schuljahr, Brauschweig 2008, S. 114.

Diese Aufgabe ist gemein, spielt sie doch auf den Running Gag »Kevin ist kein Name, sondern eine Diagnose« an. Den Schülern sollte indes deutlich werden, dass Kevin hier doch einmal nachgedacht hat. Das Ergebnis seiner Überlegungen ist aber trotzdem ungenügend und trottelig … irgendetwas muss falsch sein. Können Sie Kevin helfen?

ODER DOCH LIEBER BALKONIEN?

Italienkompetenz

BRD

Familie Müller kann sich über den Urlaubsort nicht einigen. Der Vater sagt: Wenn ich 5 würfele, fahren wir an die Ostsee, wenn ich nicht 5 würfele, fahren wir nach Italien.

Winter, Heinreich/Ziegler, Theodor: Neue Mathematik. 6. Schuljahr. Hannover 1970, S. 197.

Papa Müller scheint es nicht wirklich an die Ostsee zu ziehen. Oder hat die ganze Familie nicht so recht Lust? Denn selbst den nicht ganz so Hellen springt ins Auge, dass diese Entscheidungsmethode keinesfalls gerecht ist. Wieso also so wenig Widerspruch? Wohnt an der Ostsee vielleicht die olle Tante Dortje, die eigentlich sowieso niemand besuchen will?

DER NEUE MANN

Gendermainstreamingkompetenz

<u>BRD</u>

Carsten möchte seiner Schwester Maren zum Geburtstag einen Pullover aus rosa Wolle stricken. Seine Mutter hat ihm erklärt, daß er als erstes eine Maschenprobe anzufertigen hat (Bild 1.30a).

Tisch, Gerhard: Spektrum der Mathematik. 7. Schuljahr. Frankfurt a. M./Berlin/München 1985, S. 33.

Unrealistische und blödsinnige Aufgabe! Carsten wollte noch nie seiner Schwester Maren irgendetwas schenken und schon gar nicht mit rosa Wolle stricken. Und Maren spielt den ganzen Tag Minecraft und hat gar keinen Bock auf Selbstgestricktes.

HEIA HOPPSASSA!

Pionierkompetenz

DDR

10 Pioniere üben für eine Feier einen Volkstanz. Sie üben in zwei gleich großen Gruppen. Stelle selbst die Frage und rechne!

Butzke, Herbert/Schieber, Joachim/Wolf, Artur: Mathematik. Lehrbuch für Klasse 2. Berlin (Ost) 1980, S. 79.

Mögliche Fragen: Darf ich mit Sabine tanzen? Warum muss ich mit der fetten Elke tanzen? Was passiert, wenn niemand mit Elke, aber alle mit Sabine tanzen wollen? Beginnt dann der Klassenkampf? Und was soll ich hier jetzt genau rechnen? Und warum eigentlich?

TRARI, TRARA – DIE POST IST DA!

Bundespostkompetenz

BUNDESREPUBLIK

Drei Angestellte der Bundespost ermitteln am Abend ihre Einnahmen. Frau Hurtig nahm 3410,17 DM ein, Herr Trott 2571,90 DM und Frau Fink 2973,83 DM. Formuliere zu diesem Sachverhalt zwei Aufgaben!

*Bock, Hans/Walsch, Werner: Mathematik 5. Entdecken. Verstehen.
Anwenden. München 1992, S. 26.*

Herr Trottel möchte nach Feierabend mal so richtig einen draufmachen. Sind seine Einnahmen hinreichend, um mit Frau Hurtig, Frau Fick und seinen 7 Skatbrüdern ordentlich einen draufzumachen? Was verträgt so ein geschulter Senior-Schluckbruder an alkoholischen Kaltgetränken, wenn er am Folgetag krankmachen kann? Informiere dich bei deinem Vater und bei deiner Mutter. (Hinweis: Ein Kasten Diebels Alt kostet abzüglich Pfand 15,99 Euro.)

FRAG IMMER ERST: WARUM?

Bausatzkompetenz

BRD

Jürgen baut sich ein Flugzeug. Die Teile des Bausatzes sind numeriert. Warum?

Spektrum der Mathematik. 5. Schuljahr, hrsg. v. Gerhard Tischel, Frankfurt a. M./Berlin/München, 1983, S. 16.

Sie lesen gerade in einem Buch. Die Seiten des Buchs sind nummeriert. Warum?

Wenn Sie solche »Aufgaben« inspirierend finden, sind Sie vermutlich Schulbuchmacher.

IN YOUR FACE, RECHTECK!

Prügelkompetenz

<u>BRD</u>

Onkel Gustav erinnert sich an seinen früheren Mathematikunterricht. »Ein Parallelogramm – das ist doch ein Rechteck, das einen Tritt bekommen hat.«

Was meinst du dazu?

Tischel, Gerhard: Spektrum der Mathematik. 5. Schuljahr.
Frankfurt a. M./Berlin/München 1983, S. 69.

Der Onkel hat völlig recht. Endlich spricht hier mal jemand Klartext! Endlich!

Liste der zu erwerbenden Kompetenzen

V

W

Z

DANK

Danken möchte ich Frau Schöbel vom riva-Verlag für die sachkundige Betreuung der Publikation sowie Frau Dr. Heer für die Redaktion des Manuskripts.

Mein Dank gilt Herrn Dr. Martin Döring für seine ebenso freundschaftliche wie fachkundige Beratung. Als kompromissloser Anhänger des schrägen Humors war er stets um Zuspruch bemüht.

Ebenso zu danken habe ich Herrn Jens-Uwe Sedler, der als geschätzter Mathe-Kollege die meisten Textaufgaben samt den Kommentaren gelesen und goutiert hat. Er lieferte die nötige Rückmeldung aus der Tiefe des mathematischen Raums.

Meinem Sohn Alexander (17) sei Anerkennung zuteil für seine lapidaren Einschätzungen von der Art »kann man lassen«. Er hat ja recht, in unserer Zeit wird einfach zu viel geredet und geschrieben …

Last, but not least will ich meiner Frau Christiane Matiasch herzlich danken, die meine Sammelwut in den letzten Jahren mit geduldigem Interesse begleitet hat und die den Mathe-Wahnsinn am längsten ertragen musste. Sie war mir die wichtigste Ratgeberin und konstruktive Erstkorrektorin.

Bernhard Neff

Bibliografische Information der Deutschen Nationalbibliothek
Die Deutsche Nationalbibliothek verzeichnet diese Publikation in der Deutschen Nationalbibliografie.
Detaillierte bibliografische Daten sind im Internet über http://d-nb.de abrufbar.

Für Fragen und Anregungen
info@rivaverlag.de

Originalausgabe
2. Auflage 2020
© 2019 by riva Verlag, ein Imprint der Münchner Verlagsgruppe GmbH
Nymphenburger Straße 86
D-80636 München
Tel.: 089 651285-0
Fax: 089 652096

Wir danken allen Verlagen und Autoren der Textaufgaben für die freundliche Genehmigung zum Abdruck. In einigen Fällen ist es uns trotz Nachforschungen nicht gelungen, die heutigen Rechteinhaber zu ermitteln. Wir bitten diese, sich mit dem Verlag in Verbindung zu setzen.

Redaktion: Dr. Carina Heer
Umschlaggestaltung: Laura Osswald
Umschlagabbildung: shutterstock.com/Naci Yavuz; chronicler; Inspiring
Layout: Manuela Amode
Satz: Müjde Puzziferri, MP Medien, München
Abbildungen Innenteil: shutterstock.com/silavsale, yod67, puruan
Druck: CPI books GmbH, Leck
Printed in Germany

ISBN Print 978-3-7423-1072-9
ISBN E-Book (PDF) 978-3-7453-0699-6
ISBN E-Book (EPUB, Mobi) 978-3-7453-0700-9

Weitere Informationen zum Verlag finden Sie unter
www.rivaverlag.de
Beachten Sie auch unsere weiteren Verlage unter www.m-vg.de